[基礎入門] テスターの使い方がよくわかる本

大矢隆生 | 著

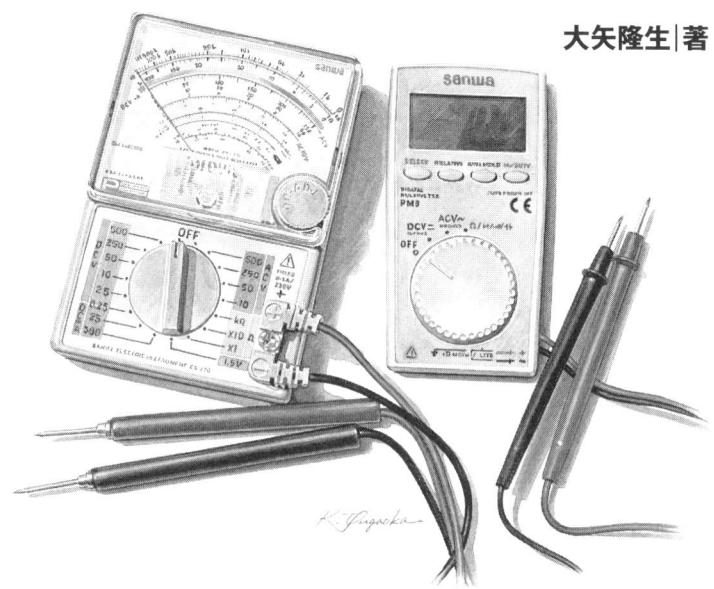

技術評論社

本書に掲載されている会社名、製品名は、それぞれ各社の商標、登録商標、商品名です。
本文中に ™、®、© は明記していません。

まえがき

　この本を手に取った皆さんの目的は、電気やテスターに興味がある、学校で勉強する・仕事でテスターを使うので詳しく知りたい、などなどさまざまなことでしょう。

　この本は、私が子供の頃にテスターをはじめて手にしたときを思い浮かべながら、電気のことやテスターをよく知らない方が最初に読める本としてまとめました。私がそうであったように、テスターを手にとって実験しながら、テスターや、電気のイロハが実感できるような内容を盛り込んでいます。

　ところどころにやや高度な、でも興味深いと思われるような内容も記載してあります。難しいと思われる方は読み飛ばして、テスターがひととおり使えるようになってからあらためて読んでみてください。また、本書の最後のほうには、テスターの内部回路や、電子回路の測定についても、若干のページを割きました。

　テスターは本当におもしろくて、電気のイロハを学ぶのには最適な器具だと思います。そして、じつは奥が深く、テスターの使い方がマスターできたときは、電気・電子回路の知識は相当なレベルに達していると思います。

　本書がほんの少しでも皆さんのお手伝いができれば幸いです。

2009年5月　大矢　隆生

目 次

第1章　はじめてのテスター　11

1-1　テスターは何をする道具なの？　12
- 1-1-1　テスターで故障は直せません　12
- 1-1-2　テスターで何を調べればよいのか　13

1-2　電気に素人判断は危険です　16
- 1-2-1　入門者は触れないほうがよいもの　16
- 1-2-2　入門者が扱えるもの　18

1-3　電気を測る計測器のいろいろ　20
- 1-3-1　マルチメーターとテスターは同じもの　20
- 1-3-2　検電器　21
- 1-3-3　クランプメーター　22
- 1-3-4　絶縁抵抗計（メガー）　24
- 1-3-5　検相計　26

第2章　知っておきたいテスターのこと　27

2-1　テスターの外観による区別　28

2-2　方式の違いによるテスターの特徴　30

2-3　テスター各部の呼び名と役割　32
- 2-3-1　アナログテスターの場合　32
- 2-3-2　デジタルマルチメーターの場合　33

2-4 テスターの測定機能（ファンクション） 34
- 2-4-1 機種によって違う測定機能の内容 34
- 2-4-2 テスターの3つの基本測定機能 36
- 2-4-3 機種に依存する測定機能 39

2-5 レンジは目盛りで読める最大値のこと 44

2-6 テスターを使う前の準備作業 48
- 2-6-1 テストリードを接続する 48
- 2-6-2 零点位置調整をする 49
- 2-6-3 内蔵電池の消耗を調べる 51

2-7 テスターの正しい取り扱い方 54
- 2-7-1 テスターの置き方 54
- 2-7-2 リード棒の持ち方と扱い方 55
- 2-7-3 測定値の読み方 57

2-8 電圧や電流の測り方 59
- 2-8-1 電圧は「並列」で測る 59
- 2-8-2 電流は「直列」で測る 60
- 2-8-3 抵抗はなるべく単体で測る 62

2-9 テスターでやってはいけないこと 63
- 2-9-1 抵抗測定では電圧をかけてはいけない 63
- 2-9-2 電流測定では電圧をかけてはいけない 64

2-10 テスターの管理と保守 66
- 2-10-1 テスターの管理 66
- 2-10-2 テスターの保守 68

第3章 身近なものを測ってみよう　71

3-1　人体の抵抗を測る　72
- 3-1-1　人の抵抗の測り方 72
- 3-1-2　抵抗を測るしくみの違い 76

3-2　電気をよく通すものと通さないものを調べる　77
- 3-2-1　電気抵抗とは何か 77
- 3-2-2　抵抗の測り方 80

3-3　液体は電気を通すのか　84

3-4　電球のフィラメントの抵抗値の不思議　86
- 3-4-1　電球の抵抗の測り方 86
- 3-4-2　電球の定格と実測値が違うのはなぜ？ 88

3-5　蛍光灯の抵抗を測る　92
- 3-5-1　一般的な蛍光灯の場合 92
- 3-5-2　電球型蛍光灯の場合 95

3-6　電池（バッテリー）を測る　96
- 3-6-1　電池の電圧を測る 96
- 3-6-2　カーバッテリーの電圧を測る 102

3-7　模型用モーターの発電力を測る　105
- 3-7-1　模型用モーターは直流発電機 105

3-8　充電器やACアダプターを測る　107
- 3-8-1　充電器の出力電圧を測る 107
- 3-8-2　ACアダプターの出力電圧を測る 109

3-9　コンセントの電圧とアース　110
- 3-9-1　一般的なコンセントの電圧を測る 111

| 3-10 | 自転車の発電機を測る | 117 |
| 3-11 | 模型用モーターに流れる電流を測る | 118 |

第4章 簡単にできる故障診断　121

| 4-1 | 安易に電気製品の中を開けてはいけません | 122 |

- 4-1-1　製品の蓋を開けたら自己責任 122

| 4-2 | 電源コードの断線チェック | 123 |

- 4-2-1　アナログテスターでの断線の調べ方 124
- 4-2-2　デジタルマルチメーターでの断線の調べ方 126
- 4-2-3　コードの断線箇所は接続器でつなぐ 127

| 4-3 | 乾電池で動作する機器の診断 | 128 |

| 4-4 | オーディオ機器を診断する | 131 |

- 4-4-1　ヘッドフォンの抵抗を調べる 131
- 4-4-2　スピーカーの極性を調べる 132

第5章 電子部品の特性を調べる　135

| 5-1 | 抵抗器 | 136 |

| 5-2 | コンデンサー | 140 |

- 5-2-1　静電容量の測り方 140
- 5-2-2　コンデンサーの不良判定 142

| 5-3 | コイルとトランス | 144 |

5-4　ダイオード　146
- 5-4-1　アナログテスターで観測する 146
- 5-4-2　デジタルマルチメーターで観測する 148

5-5　発光ダイオード（LED）　150

5-6　太陽電池　152

5-7　トランジスター　155

第6章　テスターのしくみ　161

6-1　アナログテスターのしくみ　162
- 6-1-1　アナログテスターの心臓部：メーター 162
- 6-1-2　アナログテスターの基本性能 164
- 6-1-3　測定のしくみ 167

6-2　デジタルマルチメーターのしくみ　175
- 6-2-1　デジタルマルチメーターの回路構成 175
- 6-2-2　測定のしくみ 177

第7章　電子回路を測定する　181

7-1　小型電子回路を測ってみよう　182

7-2　電源電流の確認　183

7-3　電源電圧の確認　187

7-4　回路のどこを測ればよいのか　191

付録　参考資料　　195

付-1　測定レンジと目盛りの読み方　　195

付-2　dB（デシベル）　　201

付-3　テスターの安全基準　　203

【カバーイラスト】
左（アナログテスター）
　　CP-7D：三和電気計器株式会社
右（デジタルマルチメーター）
　　PM3：三和電気計器株式会社

第1章

はじめての
テスター

「テスター」に興味を持たれて本書を手にされた読者のために、テスターは貴方のどんな期待に応えてくれるものなのかを紹介します。

第1章 はじめてのテスター

1-1 テスターは何をする道具なの？

「テスター」と聞いたとき、読者の皆さんはどのようなものを思い浮かべますか？

テスターに興味を持たれた読者のために、本章では、テスターはいったい何をするものなのか、テスターが使いこなせるとどんなに便利なのかを紹介します。

1-1-1 テスターで故障は直せません

テスターは、電気製品の調子が悪くなったときに使うものだということは、多くの方がご存じです。今でこそ家電の修理はメーカーの保守センターに送って修理に出しますが、昔は腕のいい電気屋さんなら、その場でテスターを取り出して部品を取り替えたり修理をしてくれたものです。

ですから、そんな昔を覚えている人の中には、テスターがあれば電気製品の故障が自分でも直せる、と思っている人が意外に多いようです。

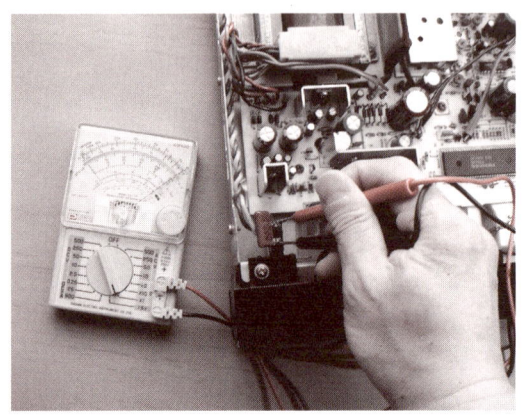

◆写真1.1.1 電気製品の修理にはテスターは欠かせません

確かに電気製品の修理や調整にはテスターが必要ですが、テスターが故障まで直してくれるわけではありません。テスターは、電気製品の調子が悪いときに、その原因が何なのかを調べるために使う道具なのです。

テスターで原因がある程度特定できれば、部品の交換など修理のめどが立てられるのです。

1-1-2 テスターで何を調べればよいのか

テスターで電気製品の故障の原因を調べるといっても、何を調べればよいのか、作戦が必要です。前出の腕のいい電気屋さんは、故障のようすを見ただけで、ある程度の作戦が立てられる知識を持つ人だったわけです。

何を調べればよいかを判断するために、ここは腕のいい電気屋さんになったつもりで、電気製品の調子が悪くなる原因を考えてみましょう。

■ 電気製品の調子が悪くなる原因を想像してみる

電気製品の調子が悪い原因として考えられるのは、①電源として必要な電気が来ていない、②はんだ割れなど回路の断線、③部品の故障、④使い方を間違っている、の4つです。

・はんだ割れ
　はんだの接合部分が、化学的劣化や物理的な力が加わったことによって損傷し、電気的な接続不良を起こした状態。

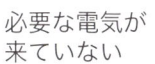
必要な電気が来ていない

部品の破損
回路の断線

機器の使い方を誤っている

◆図 1.1.1　電気製品の調子が悪いときの主な原因

第1章 はじめてのテスター

①の「電源として必要な電気が来ていない」は、停電やブレーカーが落ちていたり、電源コードの差し忘れや断線、ポータブル機器のバッテリー切れなどが代表例です。

②の「はんだ割れなど回路の断線」は、はんだ付けが何らかの原因で割れて、電子回路基板の配線とその上に載っている電子部品の間の接触が取れなくなって起こります。

③の「部品の故障」は、文字どおり機器の中の部品が原因です。部品にはモーターで動くギヤなどの機構部品と、電子的に動作する電子部品がありますが、本書では電気が流れて作用する電子部品のことを考えます。

④の「使い方を間違っている」については、本書の対象ではなさそうです。ただ、使い方を間違っていたために必要な電気や信号が来ていないというのなら①になりますし、使い方を間違っていたために部品が破損したというのであれば、②に含まれます。

■ テスターの出番を考える

電気製品は、中に組み込まれた電気回路や電子回路の働きで動きます。その電気回路や電子回路は、電気の流れや作用を利用して、仕事をするものです。ですからこれらの回路は、設計どおりに正しく電気が流れていないと正常に動作しませ

用語解説

・電気回路
　電気を動力や熱に変えて利用するための回路のこと。

・電子回路
　主に信号処理のために使われる回路のこと。

電気は正しく来ているか？
異状な電圧は出ていないか？
断線はしていないか？

◆図1.1.2 テスターで調べられる電気製品の診断内容

ん。つまり、電気製品の調子が悪いというのは、回路のどこかに設計どおりの電気が流れていない場所がある、ということにほかならないのです。

そこでテスターの出番がまわってきます。テスターは、回路に正しく電気が来ているかどうかを調べるための道具です。先ほどの、電気製品の調子が悪い4つの原因で、テスターで調べられることを考えてみましょう。

①の「必要な電気が来ていない」は、文字どおり電気が来ているかどうかですから、テスターでどこまで電気が来ていて、どこから電気が来なくなっているかを調べれば、原因箇所が特定できます。

②の「はんだ割れなど回路の断線」と、③の「部品の故障」では、その付近の回路の電気の状態が正常でないはずです。ですから、電気の状態が正常な状態と違う場所が発見できれば、その付近の配線か部品を詳しく調べることで、原因を特定できることになります。

ただし、電子回路部分の正常な状態を知るためには、回路図および設計資料が必要となるほか、回路を読み解く知識と経験が要求されます。自信のないときは、残念ですが、内部はむやみに触るべきではありません。

さらにテスターは、電子部品の特性をチェックする機能が備わっていますから（第5章参照）、故障が疑われる部品を外して個別に確認すれば、故障部品を確定できます。

なお、故障部品を特定したら、部品が壊れた原因も調べておきたいところです。経年劣化や物理的な衝撃が原因で部品が壊れたのでなければ、また同じことが起こる可能性もあるのです。部品を取り替えて修理したら、もう一度回路の電気に異常な場所がないかを調べます。部品の故障は1箇所ではなく、複合的に発生していることがあるのです。

> **アドバイス**
>
> 基板にはんだ付けした状態で測定しても正確には測れません。基板から取り外して測定します。

第1章 はじめてのテスター

1-2 電気に素人判断は危険です

　せっかくテスターを持っているのですから、事故の危険がない場合は、修理にトライしてみてください。

　修理のときの危険については、コンセントを抜く、電池を抜くなどで、感電や発火事故などをほぼ避けることができます。しかし、最近の家庭用のコンセントにつなぐ機器では、充電式電池が内蔵されているものも多く、コンセントを抜けば安全とは限りませんし、修理が不適切だった場合には、修理後の電源投入で機器がさらに壊れてしまったり、最悪は発火に至ることも考えられます。

　これらを踏まえた、修理をしてよいかどうかの判断の基準を以下に示しますが、あくまで代表的な例を示したものです。安全であると確信できない場合は、修理は専門家に依頼するようにしてください。

> **注意**
> 家庭の電気を直接取り扱うのは感電の恐れがあって大変危険です。

1-2-1 入門者は触れないほうがよいもの

　明らかに危険と考えられるものには、以下のようなものがあります。

（1）交流100Vまたはそれ以上の電源を使用した機器

　コンセントの100V（ボルト）以上を使用する電子機器では、内部で高電圧や大電流を発生したり、装置全体の安全確保に関係する（主に熱を出す器具など）場合もあります。その状況がわからなければ、内部に触れること、修理することが危険につながらないとは言い切れません。専門知識のほか、その機器の設計資料、または修理方法が明記された資料がないままに内部を触るのは危険です。場合によっては大電流や発熱などに耐える電線や接続方法など電気・電子回路以外の

> **用語解説**
> ・ボルト
> 電圧の単位。

知識も必要です。**交流で100V以上を使用した機器の場合は、内部を触るのは止めておきましょう。**

（2）リチウムイオン電池とそれを使用する機器

　リチウムイオン電池などの専用の充電式電池を使用した機器は要注意です。とくにビデオカメラやパソコンなどのリチウムイオン電池は容量も大きく、機器内部で電源がショートを起こすと火を噴く危険がありますから、理解しないまま機器内部を触るのは避けたほうがよいでしょう。また、リチウム電池パックの内部には、過充電・過放電を防ぐなどの目的で充放電制御回路が内蔵されていることがあります。リチウムイオン電池が過充電・過放電などが原因で劣化すると、発火につながる恐れがあるためです。**充放電回路は絶対に触るべきではありません。**

（3）液晶画面でバックライトを使用した機器、蛍光灯を点ける照明機器

　液晶画面のバックライトや、**蛍光灯を点灯させる機器**では、**数百Ｖという高い電圧を発生させます**。電池やACアダプターなどの比較的低い電圧で動作させる機器であっても、感

COLUMN　人体に危険とされる電気の基準

　人体に電流が流れるときの危険度は、直流よりも交流のほうが危険度は高く、さらに周波数が高くなるほど危険度が増します。家庭用電源（周波数が50Hz あるいは 60Hz）では、左手から心臓を経由して両足に電流が流れる場合の限界通電時間は、50mA で約0.3秒とされています。そのため、住宅に使用される漏電遮断器（電気機器から人体に電流が流れたときに感知して電源を遮断する器具）の規格は、安全のための余裕を見て、定格感度動作電流が30mA、定格動作時間が0.1秒以内と定められているのです。

電の危険がありますから、修理のときは電源を切って少なくとも1分程度は待ってから内部を開けるようにします。

（4）電動機器（電動アシスト自転車など）

人・荷物を乗せる電動機器の電池は、出力できるエネルギーが大きく、ショートを起こすと簡単に火災になります。

1-2-2 入門者が扱えるもの

いっぽう、安全度が高いと考えられるものは、以下のようなものになります。

（1）乾電池（マンガン、アルカリマンガン電池）などを使用する小型機器の修理

乾電池の出せるエネルギーは限られています。したがって、本質的に安全度が高く、一般的に大事故にはなりにくいといえます。なお、乾電池同様に使えるニッケル水素電池はかなりの大電流を流す力があり、電極がショートすると発熱し、煙くらいは簡単に出ます。乾電池用機器でも、電池の端子をショートさせることだけは絶対にないように、十分に気をつけましょう。

（2）ACアダプターを使用する機器の修理

ACアダプターは、小型のものでは出せるエネルギーは限られていますし、大きなものでは、ショートなどが原因で大きな電流が流れると保護回路が働いて電気の供給を止めるようになっています。修理時に間違いがあっても事故の危険性は少ないでしょう。

本書の第4章では、安全な機器をいくつか例に取り、テスターでの測定方法と、素人でもできる故障診断方法について説明しますので、ぜひ参考にしてください。

用語解説

- **ACアダプター**
  家庭用の100Vを直流の低電圧に変換する装置。主に小型のポータブル機器の電源に利用する。

修理しても危険が生じにくいもの

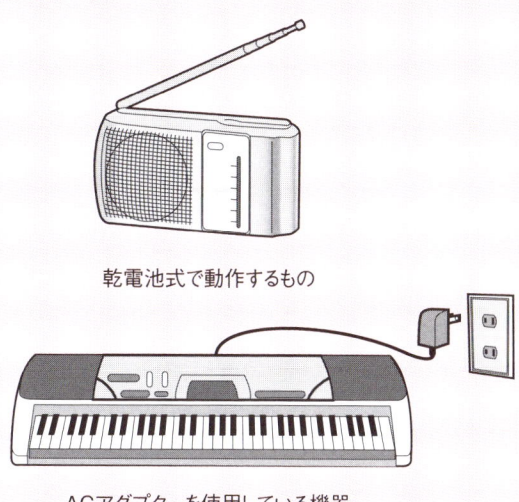

乾電池式で動作するもの

ACアダプターを使用している機器

修理で危険を生じるおそれがあるもの

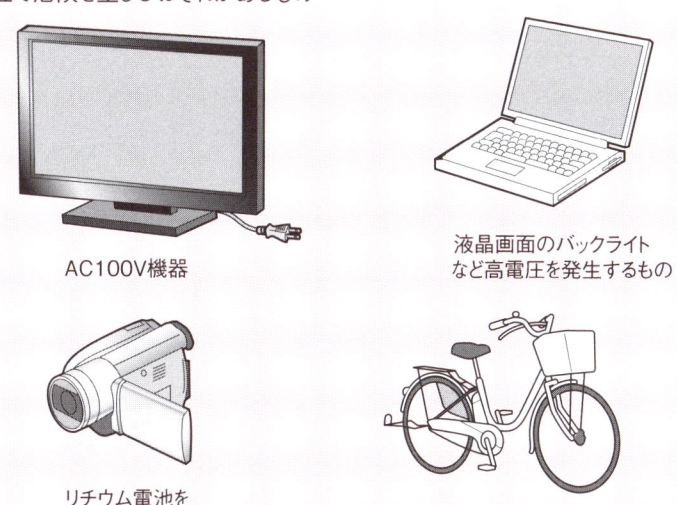

AC100V機器

液晶画面のバックライト
など高電圧を発生するもの

リチウム電池を
使ったもの

電動機器（電動アシスト自転車）

◆図 1.2.1　修理は危険がないか確認してから

第1章 はじめてのテスター

1-3 電気を測る計測器のいろいろ

　一般に家庭用として販売されているテスターは、身の回りの小電力の電子機器の測定を行うための計器です。

　同じ電気の計器には、測定対象に合わせてさまざまな種類があります。テスターでは測れないものを測るための、主に業務用として使うものですが、テスターの用途範囲を理解するうえでも知っておくとよいので説明しておきます。

1-3-1 マルチメーターとテスターは同じもの

　本書で扱う小電力用のテスター（回路計：Circuit Tester）は、マルチメーターとも呼ばれます。電圧や電流など複数（マルチ）のものが計測できる計器（メーター）、という意味を込めた呼び方ですが、テスターもマルチメーターも同義語として扱われます。ただ慣例として、指針の振れで測定値を読み取るアナログ式の回路計のことをテスター（アナログテスター）と呼び、数字で測定値を表示するデジタル式の回路計のことをマルチメーター（デジタルマルチメーター：DMM）と呼んで区別するのが一般的です。

→ p.28、p.29

　ですから本書でもそれにならって、アナログ式のテスターは「アナログテスター」、デジタル式のテスターは「デジタルマルチメーター」と表記して区別しています(単にテスターと表記した場合は、アナログ式、デジタル式の区別をしない一般用語として使用しています)。

　なお、アナログテスターの製品の中にも、マルチメーター（アナログマルチメーター）と表示されたものがたくさん販売されています。単にテスターというと基本測定機能だけを搭載した廉価版を利用者がイメージしてしまうため、多機能

・基本測定機能
→ p.36

で高級なテスターを差別化するためにマルチメーターと表記しているようです。デジタル式のテスターが登場したころ、大型で高価だったデジタルテスターにマルチメーターと名付けたのも、高精度で多機能をイメージしたかったためかも知れません。

◆図1.3.1　テスターとマルチメーターは同じもの

1-3-2 検電器

電気工事などで、その場所まで電気が来ているかどうかを確認するための器具です。

先端を確認したい電線や端子に当てるだけで、電気が来ている場合はランプが光ったりブザー音が鳴って知らせます。テスターのように電線相互に金属ピンを当て、テスター内部に電流を流すといった、やや危険を伴う行為が必要なく、非常に安全です。小型ですから、ポケットに入れても邪魔になりません。業務用では高圧用のものもあります。

◆写真1.3.1　検電器（三和電気計器「KD1」）

第1章　はじめてのテスター

1-3-3 クランプメーター

　電線をクランプ（はさむ）して電流を測定する電流計です。基本機能は交流電流測定ですが、直流電流の測定機能を持ったものもあります。

　テスターで電流を測定するには、電流が流れる回路を切断してそこにテスターを割り込ませる必要がありますが、**クランプメーター**では、電線をクランプするだけで電流を測定できるので、配電線の電流測定に非常に便利です。電線に電流が流れると周囲に磁力が発生することを利用して、その磁力を検出して測定します。電流が往復する2本の電線をまとめてクランプすれば、その和（通常はゼロ）を測ることになり、電流の漏れが起こっていないかを測定できます。

参照
・テスターでの
電流測定
→ p.60

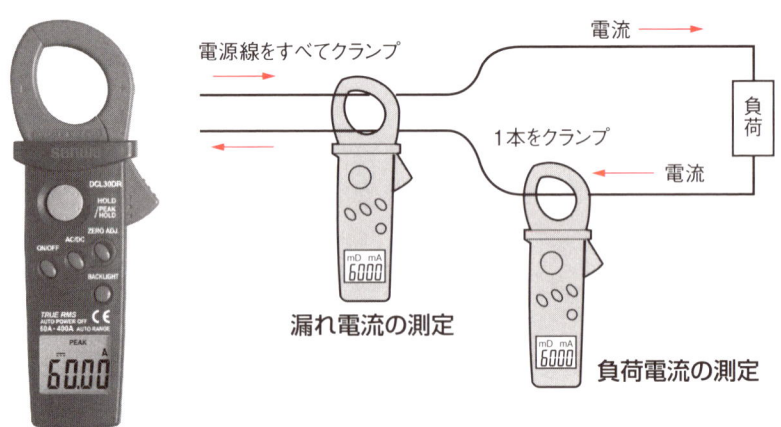

◆図 1.3.2　クランプメーター（三和電気計器「DCL30DR」）と測定方法

　クランプメーターの中には、交流・直流電流測定のほか、テスターと同等の測定機能もひととおり備えているものもあります。

　また、テスターに装着して、クランプメーターとして測定

できるアダプターも売られています。

◆写真 1.3.2 テスターに装着して使うクランププローブ（三和電気計器「CL-22AD」）

COLUMN　テスターの測定範囲を広げる高圧測定プローブ

テスターで測定できる直流電圧の上限は 500 〜 1,000 V くらいですが、3万Vくらいまでの直流電圧を測定するためのアタッチメントが、**高圧測定プローブ**です。テスターにかかる電圧を下げるために1千MΩといった高抵抗が内蔵されています。直流専用で、大電流の危険がないブラウン管用高電圧回路などのチェックに使用します。テスターの内部抵抗との相性があるので、機種に合わせた専用のものが必要です。

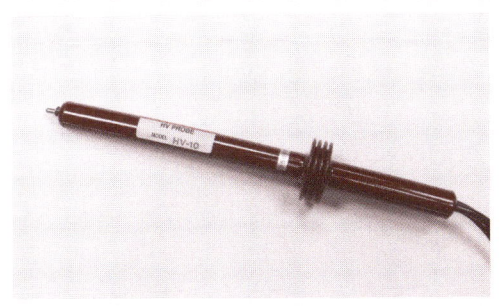

◆写真 1.3.3 高圧測定プローブ（三和電気計器「HV-10」）

1-3-4 絶縁抵抗計（メガー）

　テスターに備わっている抵抗測定機能は、比較的低い抵抗値（0Ω（オーム）〜1MΩ（メガオーム））の範囲を測定する用途で使います。つまり、電気をどれくらいよく流すのか（これを「導通がある」という）を測るためのものなのです。

参照
・抵抗測定
→ p.38

　しかし家庭などの電気配線では、電路と大地間や電路の線間に電流が漏れて流れることは絶対に許されません。そこで、電気がどれくらい流れにくい状態なのか、つまり絶縁度がどれくらい高く保たれているのかを測定する必要が出てきます。それを測るための計器が**絶縁抵抗計**です。メガオーム（MΩ）単位の抵抗値を測ることから、**メガー**とも呼ばれます。

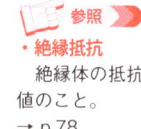
参照
・絶縁抵抗
　絶縁体の抵抗値のこと。
→ p.78

　抵抗を測定する原理はテスターと同じですが、測定時に加える電圧が違います。使用時に数100Vという高い電圧がかかる屋内配線などの正確な絶縁状態の確認には、使用時同様の電圧を加えて測定する必要があるのです。テスターでは抵抗測定時に加える電圧は数V以下ですが、絶縁抵抗計では使用状態に近い、またはそれ以上の高い電圧を内部で作って、絶縁抵抗を測定します。

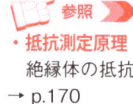
参照
・抵抗測定原理
　絶縁体の抵抗
→ p.170

◆写真 1.3.4　絶縁抵抗計（メガー）（三和電気計器「MG500」）

1-3 ◆ 電気を測る計測器のいろいろ

■ 電路と大地間の抵抗を測るとき

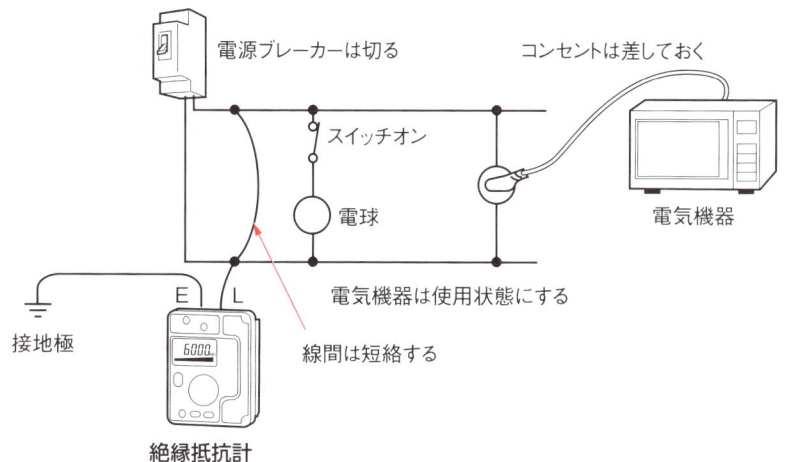

■ 電路の線間の抵抗を測るとき

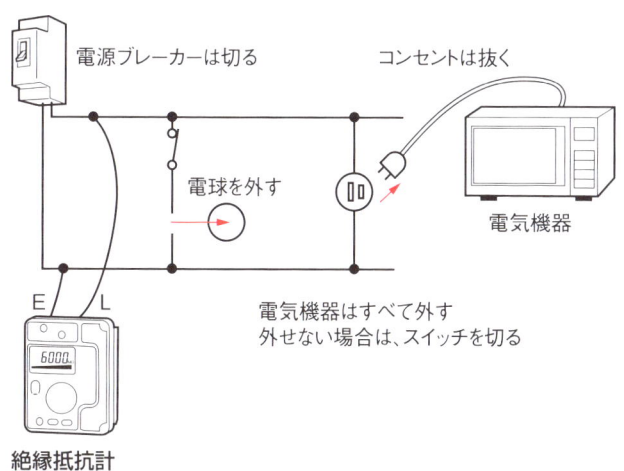

◆図 1.3.3　絶縁抵抗計での測定方法

1-3-5 検相計

　三相交流の相順を調べる計測器です。三相交流は電力会社や工場で使用される送電方法で、3本の電線で送られてくる電気の相順が間違っていると、ポンプなど三相モーターの回転方向が逆になってしまいます。

　昔の検相計は中に簡単なモーターが入っていて、そのモーターで回す円盤の回転方向で相順を確認したものです。写真の検相計は三和電気計器の KS1 ですが、これは電子回路で判別し、回転方向をランプ表示する仕掛けになっています。

- 三相交流
　位相角が120度ずれた3本の線を使用して送電する交流。

- 相順
　1サイクル内で3本の線の電圧の山がくる順序。相の回転方向ともいう。

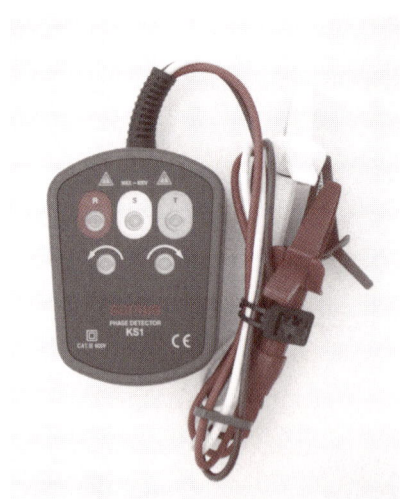

◆写真 1.3.5　検相計（三和電気計器「KS1」）

知っておきたい
テスターのこと

「テスター」と聞いたとき、皆さんはどのようなものを思い浮かべますか？
あるいは、全く想像がつかない方もいるかもしれません。
この章では、本書の入門編として、テスターがいったいどんなものなのか、何ができるのか、どのような種類があるのか、といったことをわかりやすく説明します。

第2章 知っておきたいテスターのこと

2-1 テスターの外観による区別

　電子機器を分けるときに、信号の変化を電気の強弱のままで処理するアナログ機器と、電気の強弱をいったん電圧のあり"1"と、なし"0"の2つの状態に変換して扱うデジタル機器とに分けて分類することがあります。

　テスターも同じように、アナログ式テスター（本書ではアナログテスターと表記）とデジタル式テスター（本書ではデジタルマルチメーターと表記）の2種類が製品化されています。

　アナログ式とデジタル式の区別は、まずその外観で見分けられます。測定値を読み取る部分が、目盛り板式ならアナログ式テスター、表示器（ディスプレイ）式ならデジタル式テスターです。

　写真2.1.1は、**アナログテスター**の一般的な外観で、指針が振れて、その振れた位置を目盛り板で読み取ります。

> **参照**
> ・マルチメーターとテスターは同じもの
> → p.20

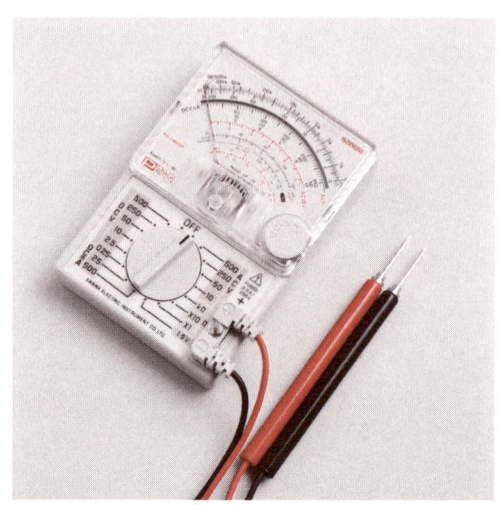

◆写真2.1.1　アナログテスターの外観（三和電気計器「CP-7D」）

> **アドバイス**
> ・**CP-7D**
> 　アナログテスター（三和電気計器㈱）
> ・**PM3**
> 　デジタルマルチメーター（三和電気計器㈱）

写真2.1.2はデジタル式テスター（デジタルマルチメーター）の一般的な外観です。こちらは表示器（液晶ディスプレイ）部に測定値が数字で表示されます。

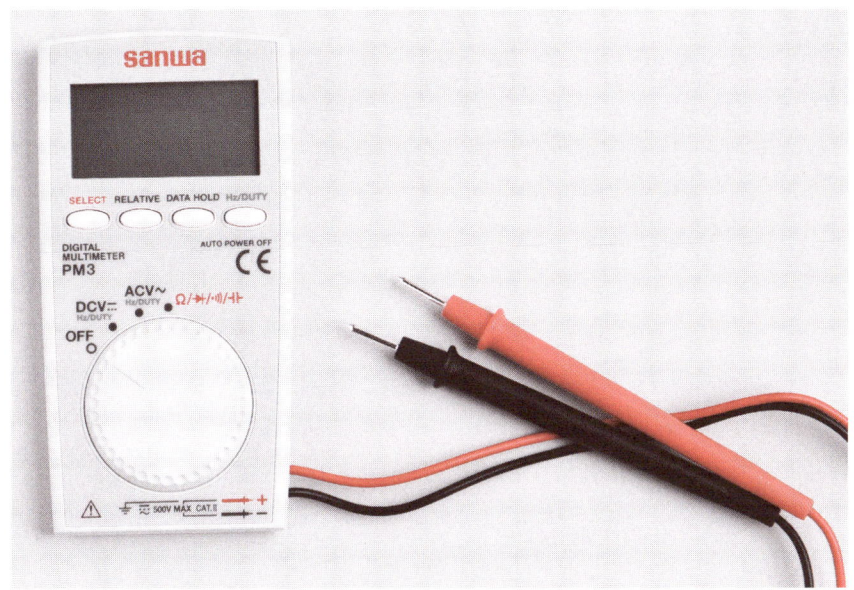

◆写真 2.1.2　デジタルマルチメーターの外観（三和電気計器「PM3」）

本書では、三和電気計器（株）製の
アナログテスター：ＣＰ－７Ｄ
デジタルマルチメーター：ＰＭ３
という2機種を例にして、実験を行いながらテスターの使い方を説明します。

上記の2機種は、使い方や機能がごく標準的な製品なので、本書の説明はこれ以外の機種でもそのまま参考にしてお読みいただけます。2機種とも、比較的安価にもかかわらず、バランスの取れた測定範囲、測定性能を持っており、テスター入門用として、これからテスターを購入する方にもおすすめです。

2-2 方式の違いによるテスターの特徴

　アナログテスターとデジタルマルチメーターでは、外観が異なるだけでなく、使い勝手においても特徴的な違いがあります。製品を選ぶ際にはそれを頭に置いて選ばなくてはいけません。

　まずデジタルマルチメーターは、測定値が数字で表示されることから、読み取り誤差がなく、正確に測定値を読み取れるという特徴があります。一方のアナログテスターでは、針の指す目盛り位置を目視で読み取るので、どうしても読み取りに誤差が生じます。また、アナログテスターでは、測定対象に合わせて最適な**測定範囲**（「**レンジ**」という）の切り替えを手動で行わなければいけませんが、デジタルマルチメーターではそれが自動で行われるので、面倒がありません。そしてデジタルマルチメーターにはポケットに収まる超小型のものがありますが、アナログテスターでは小型にすると目盛り板が小さくなってしまって読み取り精度が落ちてしまうためか、あまり小型のものはありません。

　こう聞くと、アナログテスターの出番はないかのように聞こえるかもしれませんが、決してそんなことはありません。デジタルマルチメーターは、表示部に電子的な回路が必要になるので、内蔵の電池が切れると何も測定できなくなってしまいますが、アナログテスターでは、電圧や電流を測るのに電池は必要ありません。

　また、デジタルマルチメーターは一定していて変化の少ない値を測定するのにはよいのですが、大きさが絶えず変化する値を測ろうとした場合は、表示される数字が常に変わって読みづらく、非常に不便なものとなります。さらに変化が大きいと、表示される数値の単位（レンジ）が勝手に切り替わっ

用語解説

• **レンジ**
　レンジとは測定範囲の最大値という意味です。アナログテスターでは、ファンクション切り替えつまみを手で回してレンジを切り替えます（ファンクションも同時に切り替わります）。
→ p.44

2-2 ◆ 方式の違いによるテスターの特徴

てしまい、また切り替わった直後は1～2秒程度表示が出ない場合が多いですから、切り替えばかりが起きて結局測定値が表示されないこともあります。この欠点をなくすため、表示レンジを固定するデータホールド機能を持ったデジタルマルチメーターもありますが、数字がパラパラと切り替わると変化を非常に読み取りにくいです。また、測定値の変化する速さや、変化の幅を調べたいときには、数字の変化で見るより針の動きで見られるほうが、直感的に読み取れる利点もあります。アナログテスターとデジタルマルチメーターの違いを表2.2.1にまとめました。

結局どちらかが優れているわけではなく、一長一短があり、用途に応じて適したものを選ぶ、ということが必要になります。

まずどちらか1台、ということであれば、アナログテスターをおすすめします。入門者には測定対象によって切り替えつまみを適切に設定しなければならないという難しさはありますが、それによって電気の知識が正しく身に付けられるという利点もあります。また、故障が少なく長く使えるのもアナログテスターの利点です。

アドバイス

入門者にはまずアナログテスターをおすすめします。テスターの使い方、基本、さらには電気の知識を正しく身に付けることができます。

◆表2.2.1 アナログテスターとデジタルマルチメーターの特徴比較

	アナログテスター	デジタルマルチメーター
読み取り誤差	ある	ない
変化する測定対象	目で追って読める	表示がちらつく
変化の速さや大きさ観察	直感的につかめる	つかみづらい
操作性	レンジ切り替えが面倒	レンジ切り替え不要
機能性	基本機能重視	付加機能が付いている
サイズ	少し大きい	小型化可能
電池	電圧・電流測定に電池は不要	電池が切れると使えない
使いやすさ	慣れると使いやすい	機能に慣れる必要がある
寿命	堅牢で長く使える	液晶や電子回路に寿命がある

第2章 知っておきたいテスターのこと

2-3 テスター各部の呼び名と役割

　テスターの説明に入る前に、各部の呼び名と大まかな役割を紹介しておきます。本書の説明で名称がわからなくなったら、いつでもここを見直して参考にしてください。

　前節で説明したように、アナログテスターとデジタルマルチメーターでは使い勝手が違うことと、後で説明する搭載機能の違いによって、つまみやボタンなど、備わっているものが異なります。ごく標準的なテスターの場合で説明します。

2-3-1 アナログテスターの場合

　アナログテスターは、目盛り板と指針、そして指針の振れ範囲（上限）を切り替えるレンジ切り替えつまみがあるのが

参照
レンジ切り替え
→ p.44

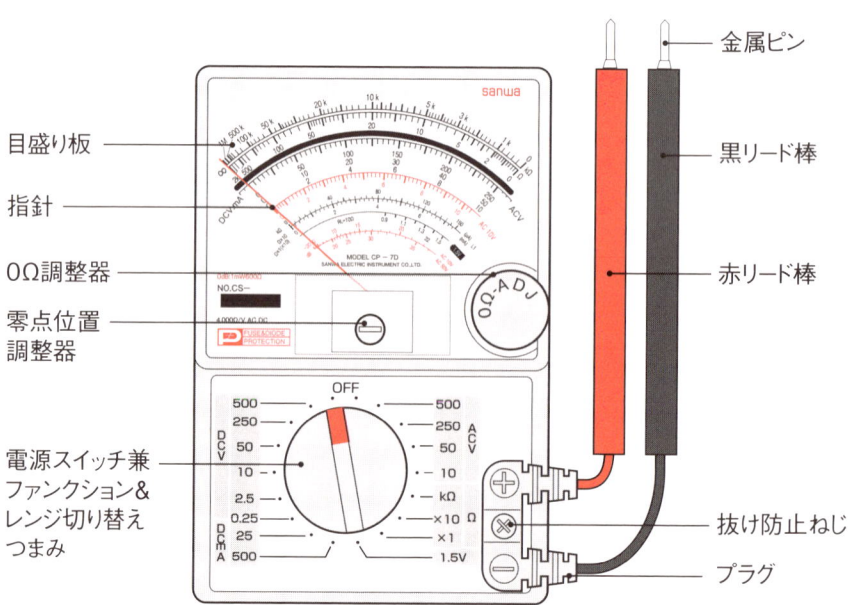

◆図2.3.1　アナログテスターの各部の名称（CP-7Dの例）

特徴です。通常、レンジ切り替えは、測定機能を切り替えるファンクション切り替えつまみと共用になっています。

参照
測定機能
→ p.36

2-3-2 デジタルマルチメーターの場合

デジタルマルチメーターはレンジ切り替えが自動で行われるため、アナログテスターのようなレンジ切り替えはありません。また、アナログテスターにはない測定機能を搭載しているものが多く（35 ページ表 2.4.1 参照）、そのための操作スイッチが付いています。

ただ、アナログテスターもデジタルマルチメーターも、基本機能は同じですから、共通して備わっているファンクション切り替えとリード棒の使い方さえ覚えれば、とりあえず何か測定することができます。

アドバイス
操作スイッチは機種によってまちまちです。

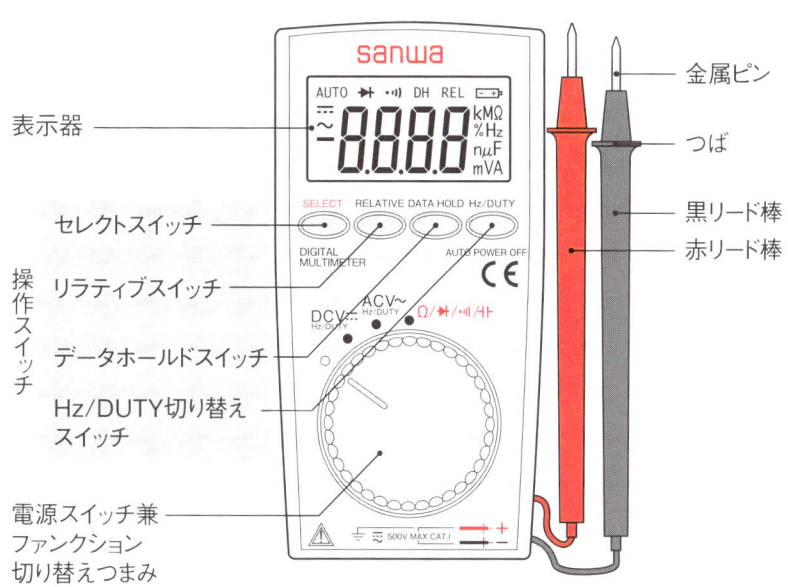

◆図 2.3.2 デジタルマルチメーターの各部の名称（PM3 の例）

2-4 テスターの測定機能（ファンクション）

■ 2-4-1 機種によって違う測定機能の内容

テスターで測れるものは、機種によって多少異なります。とくにデジタルマルチメーターは電子回路を内蔵しているため、低価格機でも便利な付加機能を備えているのが特徴です。ただ基本機能として、どのテスターでも以下の3項目が測定できるのが一般的です。

（1）**直流電圧**（DCV：ディーシーボルトと読む）
（2）**交流電圧**（ACV：エーシーボルトと読む）
（3）**抵抗**（Ω：オームと読む）

そして、テスターの種類によって下記の測定機能を持っているものがあります。

（4）**直流電流**（DCmA：ディーシーミリアンペアと読む）
（5）**導通チェック**
（6）**ダイオードの極性測定**
（7）**コンデンサーの静電容量**

上記（4）の直流電流の測定機能は、主にアナログテスターが持っている機能です。そして（5）〜（7）は、デジタルマルチメーターが備えていることが多い機能です。

参照
DCV
→ p.36
ACV
→ p.37
Ω
→ p.38

用語解説

・**直流（DC）**
　向きが同じで変わらない電気のこと。DCはDirect Currentの略。

・**交流（AC）**
　周期的に向きが変化する電気のこと。ACはAlternating Currentの略。

・**導通**
　電気が流れる状態のこと。

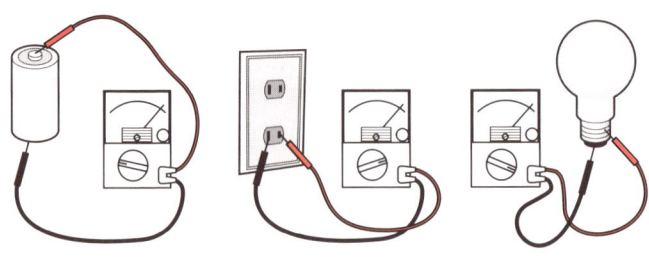

　　直流電圧(DCV)　　交流電圧(ACV)　　抵抗(Ω)
◆図2.4.1　どんなテスターでも、この3つは必ず測定できる

2-4 ◆ テスターの測定機能（ファンクション）

　これらの測定機能のことを**ファンクション**といい、測定機能を切り替えるためのつまみ（回転式スイッチ）が**ファンクション切り替えつまみ**（ファンクションスイッチ）です。

■実機で比べる測定機能の例

　一例として、本書で使用しているアナログテスター「CP-7D」とデジタルマルチメーター「PM3」で、測定機能の違いとファンクション切り替えつまみの違いを比較しておきましょう。

　個々の測定機能については、次ページ以降で説明します。

◆表 2.4.1　アナログテスターとデジタルマルチメーターの測定機能例

測定機能（パネル表記）	アナログテスター CP-7D	デジタルマルチメーター PM3
直流電圧（DCV）	◎	◎
交流電圧（ACV）	◎	◎
抵抗（Ω）	◎	◎
直流電流（DCmA）	◎	―
低周波出力（dB）	◎	―
電池負荷電圧（ 1.5V ）	◎	―
導通チェック（ブザー：•))) ）	―	◎
ダイオード極性（ ▶︎| ）	―	◎
コンデンサー容量（ ┤├ ）	―	◎
周波数（Hz）	―	◎
デューティー比（DUTY）	―	◎

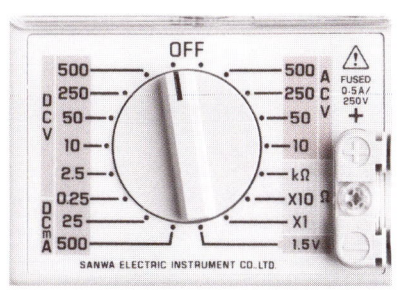

アナログテスター「CP-7D」の例 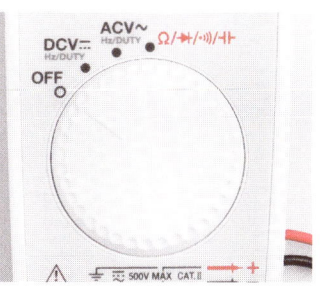　　デジタルマルチメーター「PM3」の例

◆写真 2.4.1　測定機能を選ぶファンクション切り替えつまみの例

2-4-2 テスターの3つの基本測定機能

■ 直流電圧（DCV）

　電気の流れる向きが一定の状態を**直流**（**DC**）といいます。電圧（V）は電気を流す力のことですから、**直流電圧**（**DCV**）というのは、一定の方向に電気を流す力を表します。身の回りのほとんどの電子回路は直流の電気で動作をするように設計されているので、それを駆動させるためのバッテリーやACアダプターは直流電圧を発生させる装置です。

　電気を流す力（電圧）の大小は、水の流れの高低差に例えて、**電位差**とも呼ばれます。つまり、電圧（電位差）が高ければ電気を流す力が大きく、電圧が低ければ電気を流す力が小さいことになります。

　テスターの直流電圧測定機能は、電子回路の各部に、動作に必要な電圧が正しく供給されているかどうかを調べるための機能です。たとえば、ポータブル機器が働かなくなったり、車のエンジンが始動しないときに、乾電池やバッテリーの直流電圧を測ってみて規定の電圧が出ていなければ、バッテリーの消耗が原因と判断できるのです。バッテリー切れになった原因が、異常に大きな電気の使用にある場合は、その原因を調べる必要があります。

> **用語解説**
> ・**直流**
> 　電気には流れの向きと流れの大きさがあります。一般的には、直流は、流れの向きと大きさが一定のものを指します。そして流れの向きが一定でも、大きさが変化しているものを脈流と呼んでいます。広い意味では、脈流も含めて直流と表現する場合もあります。

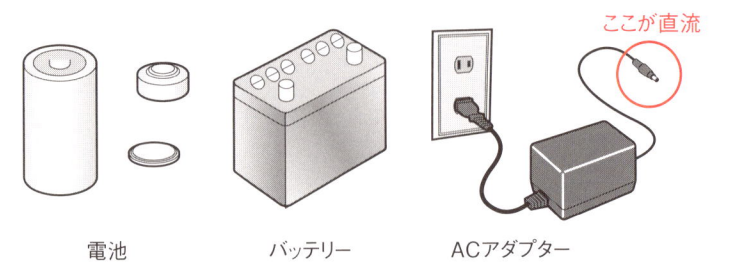

ここが直流

電池　　バッテリー　　ACアダプター

◆図2.4.2 直流電圧が測定できるもの

2-4 ◆ テスターの測定機能（ファンクション）

■ 交流電圧（ACV）

　電気の流れる向きが一定の直流（DC）に対して、時間とともに電気の流れる向きが頻繁に変わる状態が**交流（AC）**です。そして交流の電気を流す力が**交流電圧（ACV）**です。交流電圧は変圧器（トランス）という装置で簡単に電圧を上げたり下げたり変換できるので、電力会社の配電（家庭のコンセントに来ている電気）に利用されています。

　身の回りの交流電圧は一般的に電圧が高く、間違って触れると危険なため、電気の知識がない人が交流電圧をテスターで測ることは避けなければなりません。もし測る場合には、感電を防ぐための万全の注意を払います。

　なお、テスターのメーターは交流電圧のままでは測れないので、テスター内部で整流という回路処理を行い、直流電圧に変えて測ります。そのため、テスターで表示される交流電圧の値は、交流の波を平らにならした値になります。この値のことを**実効値**といいます。詳しくは 120 ページを参照してください。

> **用語解説**
> ・AC
> 　交流
> ・ACV
> 　交流電圧
>
> **参照**
> 変圧器（トランス）
> → p.144
>
> **注意**
> 電気の知識がない人は、交流電圧をテスターで測らないでください。

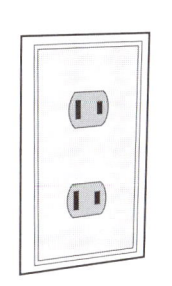

コンセントの電圧　　　ラジオのスピーカーにかかる電圧

◆図 2.4.3　交流電圧が測定できるもの

第2章 知っておきたいテスターのこと

■ 抵抗（Ω）

　電気を流す力が電圧なら、電気の流れを妨げようとする働きが**抵抗（レジスター）**です。抵抗には、直流電圧に対する抵抗と、交流電圧に対する抵抗（インピーダンス）があり、テスターで測定できるのは直流電圧に対する抵抗です。

　電気をよく通す金属の抵抗は低く、電気を通さない（絶縁体という）ゴムや陶器の抵抗は非常に高くなります。

　通常、家庭で抵抗を測定するのは、コードの断線を調べるときや、漏電（絶縁不良）を調べるときです。コードがどこかで切れていたり、切れかかっていると、本来ゼロであるはずのコードの抵抗が、無限大になっていたり、触ると変化するのです。つまり、コードには電気を妨げる抵抗があってはならないのに、断線によって電気が流れなくなって（抵抗が無限大）いるのです。その逆に、洗濯機のモーター部分のように電気が流れる部分と、人が容易に触れる外装部分の抵抗が無限大（絶縁状態）でない場合は、漏電してしまい、感電の危険が発生します。

　なお、抵抗を測るには、測定対象に弱い電気を流す必要があるので、テスターにはそのために乾電池が収納されています。

> **参照**
> 抵抗
> → p.77

> **アドバイス**
> 電池の交換方法は、68ページを参照してください。

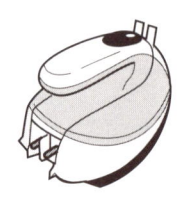

電球　　アイロンの電極　　電源コード

◆図 2.4.4　抵抗を測定できるもの

2-4-3 機種に依存する測定機能

■ 直流電流（DCmA）

導体に電圧（電気を流す力）を加えると、電圧の高いほうから低いほうに向かって電流が流れます。この電流の正体は電子の流れで、電子は電圧の低いほうから高いほうへ、電流と逆方向に流れます。このとき、導体の断面を1秒間にどれだけの電子が通過したかを表すのが、**電流**と呼ばれる数値です。

じつは、電流という考え方が定義された当時は、まだ電子の存在が発見されていなかったため、電流は電圧の高いほうから低いほうへと向かって流れていることにしようと決められました。その後、電子が発見されて、電気の正体が電子だとわかってからも、電流は電子の流れの逆向きに流れると考えることで、それまでに築かれた電気の法則がつじつまが合うため、今日までその考えが引き継がれています。

なお電流の値は、1秒間に通過した電子の数ではなく、通過する総電荷量で表します。**電荷量**というのは、電子などの物質が帯びている電気の量のことです。電荷量の単位は**クーロン**（C）で表され、導体の断面を1秒間に1クーロンの電

> **用語解説**
> ・導体
> 電気を通す性質のあるもののこと。

> **用語解説**
> ・電子
> 原子核の周囲を取り巻いている粒子でマイナスの電気を帯びている。

> **用語解説**
> ・電荷
> 電気を帯びた電子やイオン（原子、分子）のこと。帯びている電気の単位はクーロンで表される。

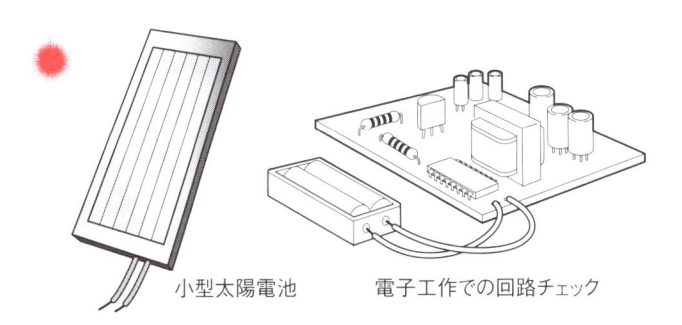

小型太陽電池　電子工作での回路チェック

◆図2.4.5 電流の測定は実験などでしか行う機会がない

子が通過したとき、電流が1アンペア（A）流れたと表します。ただ、1アンペアというのは、テスターで観察する用途ではかなり大きな電流のため、1アンペアの1千分の1である1ミリアンペア（mA）という単位が使われます。

テスターでは、とくにアナログテスターで（電流の向きが一定の、電圧の向きが一定でもある）直流電流が測れる機種があります。

電流測定は、電子回路の実験や動作の検証などに使いますが、一般の家庭で電流を観察しなければならない場面はそれほどありません。

> **用語解説**
> ・アンペア
> 電流の単位。
> 1A = 1,000mA

> **注意**
> CP-7D、PM3で交流電流は測定できません。

COLUMN　交流電流はなぜテスターでは測れない？

アナログテスターでは直流電流を測れます。ですから、交流電流も測れるテスターがあっても良さそうなものですが、実際はありません（クランププローブを付けて測れるものはありますが）。これは何故でしょうか？

筆者はこの理由を明確に示した例を知りませんが、おそらく第一には安全上の問題ではないかと思います。

電流を測る場合には、電流の流れている経路を切って、そこにテスターを割り込ませて測定します。直流電源なら、たいてい乾電池や電圧の低い電源装置です。リード棒の金属ピンを当てたり外したりするときに多少火花が散ることがあっても大きな問題は起こりません。

いっぽう、交流電流を測定するとしたら、おそらく電力会社から送られる電源ラインを測定することが多いでしょう。この電流経路を切って、そこにリード棒の金属ピンを当てて交流電流を測定するのは非常に危険です。そういったことから一般用のテスターに交流電流の測定機能が備わっていないのだろうと想像します。

2-4 ◆ テスターの測定機能（ファンクション）

■ 導通チェックとダイオードの極性測定

　導通チェックやダイオードの極性測定機能は、基本測定機能で説明した抵抗測定の一種です（38ページ参照）。

　測定対象の抵抗が一定値（100 Ω程度）より低ければ、ブザーを鳴らしたり LED（発光ダイオード）を点灯させたり、液晶表示器に規定の表示を行います。導通チェックはコードや電球の断線調べに家庭ではよく使う機能ですが、抵抗測定機能があればそれで調べられるので、なくても心配いりません。同様にダイオードの極性も、抵抗測定機能で調べられます（146ページ参照）。

> **アドバイス**
> ダイオードにはアノードとカソードの2つの電極があります。

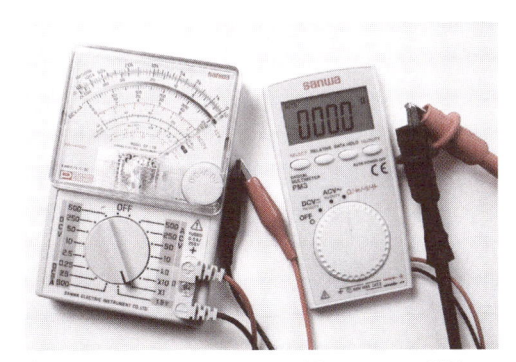

◆写真 2.4.2　PM3、CP-7D の導通チェック機能

■ コンデンサーの静電容量測定

　コンデンサーは、電気を一時的にためる電子部品です。コンデンサーにどれくらいの電気を蓄えられるかを表すのが**静電容量**（単に「容量」ということもある）という数値です。

　テスターに内蔵した乾電池からコンデンサーに一定の電流を与え、ある電圧に達するまでの時間を測って容量を計算します。そして測定が終われば、コンデンサーにたまった電気を放電します。

> **参照**
> コンデンサー
> → p.140

第2章 知っておきたいテスターのこと

なお、家電製品に実装されているコンデンサーは、製品のスイッチを切った後もしばらくは電気がたまっていて危険ですし、繋がっているほかの部品の影響で容量は正しく測定できないので、実装したまま容量を測るのは絶対にやめましょう。

> **注意**
>
> 製品のスイッチを切った後も、しばらくはコンデンサーに電気がたまっていて危険です。

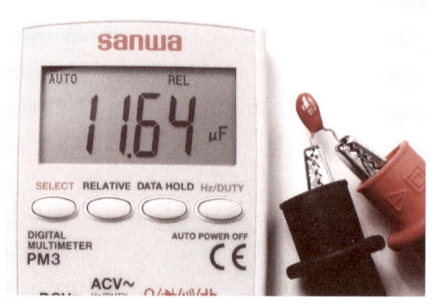

◆写真 2.4.3 PM3 のコンデンサー容量測定機能

■ 低周波出力（dB）

オーディオ製品などの信号の大きさ（電力：パワー）は、基準の何倍の大きさがあるのかという比率で表すのが一般的です。たとえば、1 ミリワット（mW）を 0 デシベル（dB）として、2 倍を 3dB、10 倍を 10dB というように表します。

テスターでは電力は測定できないので、電圧比を観察します。つまり、600 Ω の抵抗に 1mW の電力を供給するときに必要な交流電圧 0.775V を 0（dB）として、電圧比で表します。

詳細は 201 ページを参照してください。

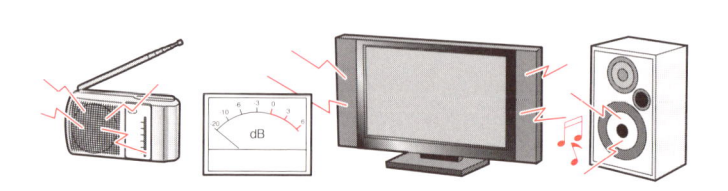

> **参照**
>
> デシベル
> → p.201

◆図 2.4.6 音響機器の信号の大きさは dB で測定する

■ 周波数（Hz）とデューティー比

交流電圧で、1秒間に電圧の向きが何回変わるかを表すのが**周波数**です。ヘルツ（Hz）という単位で表します。家庭用の電気は、静岡県の富士川と新潟県の糸魚川を結ぶ線を境に、東側が50Hz、西側が60Hzです。

また、デジタル信号などに使われる矩形波で、パルス幅が周期に占める割合が**デューティー比**です。

周波数測定もデューティー比も、どちらもデジタルマルチメーターで交流電圧測定時に電子的に検出して観察します。

> **用語解説**
> ・**デューティー比**
> 　パルス幅が周期に占める割合。
> ・**矩形波**
> 　波形が長方形の形となる信号波形のこと。方形波ともいう。

$$周波数[Hz] = \frac{1秒}{周期[秒]}$$

$$デューティー比 = \frac{パルス幅[秒]}{周期[秒]}$$

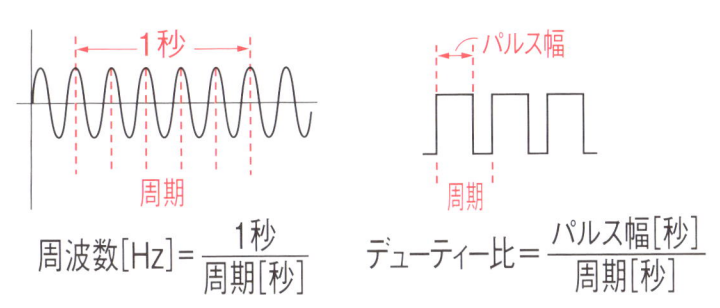

◆図 2.4.7　交流電圧の周波数とデューティー比

■ そのほかの測定機能

テスターには、そのほかにも機種によってさまざまな測定機能があります。主なものを紹介しておきます。あまり使わない機能に惑わされず、自分の用途に合わせて選ぶとよいでしょう。

◆表 2.4.2　テスターの機種によっては備わっている測定機能

	機能
電池負荷電圧測定	負荷をかけた状態（テスター内蔵の10オーム程度の抵抗に電流を流す）で電圧を測定する。
hFE測定	抵抗測定ファンクションでhFE測定アダプターを接続し、トランジスターの直流電流増幅率を測定する。
温度測定	温度プローブ（熱電対）の接続により、温度測定ができる。

第2章 知っておきたいテスターのこと

2-5 レンジは目盛りで読める最大値のこと

　たとえばアナログテスターで直流電圧（DCV）を測る場合、0.2V、2.5V、10V、50V、250V、500V、のように、測る電圧の大きさに応じてレンジ切り替えつまみ（ファンクション切り替えつまみと共用）を設定しなければなりません（写真2.5.1）。同様に、交流電圧や抵抗を測るときも同じようにレンジを切り替えて測定します。

　このレンジの数字は、測定時に指針が振り切れるときの値、つまり目盛り板で読み取れる最大の値を示しています。

　デジタルマルチメーターでは測定値を電子的に処理して数字に単位を付けて表示するため、レンジ切り替えを行う必要はありません。レンジ切り替えはアナログテスターならではの設定なのです。

　それならレンジを最大にしておけば、いちいち切り替えな

レンジによってどの目盛りを読むか決まっている

◆写真 2.5.1 アナログテスターのレンジ切り替え部と目盛りの関係

2-5 ◆ レンジは目盛りで読める最大値のこと

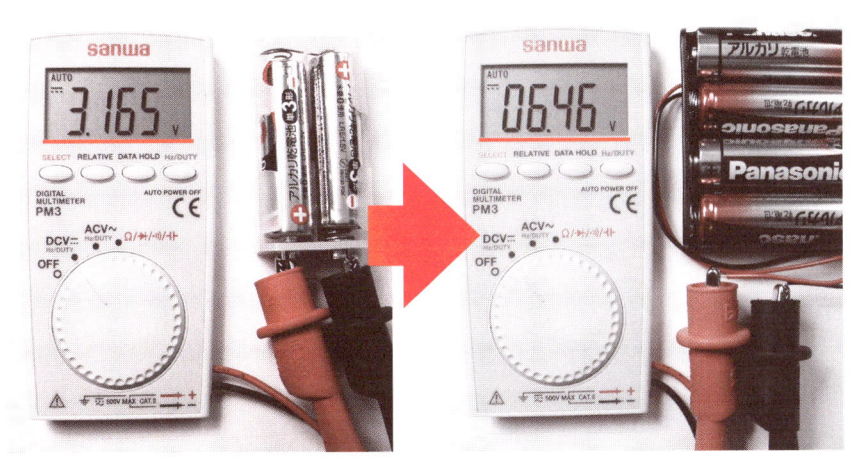

◆写真 2.5.2 デジタルマルチメーターは、自動でレンジ（単位と桁）が切り替わる

くてすむじゃないか、と思われる方もおられるはずです。しかし、レンジが最大では、測定値が小さいと細かな数値まで読み取れなくなってしまいますし、誤差も大きくなります。

アナログテスターを上手に正しく使うには、測定する値より高い中で一番低いレンジに設定することが、もっとも値が正確に測定できる適切なレンジとなるのです。

> **アドバイス**
> アナログテスターで測定するときは、適切なレンジに合わせて使用します。

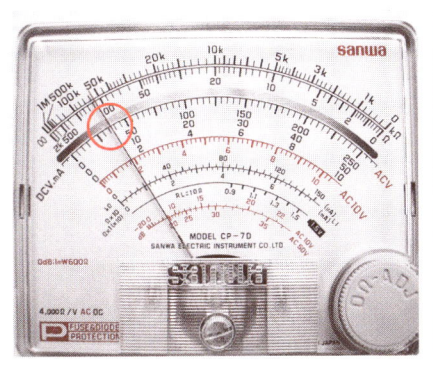

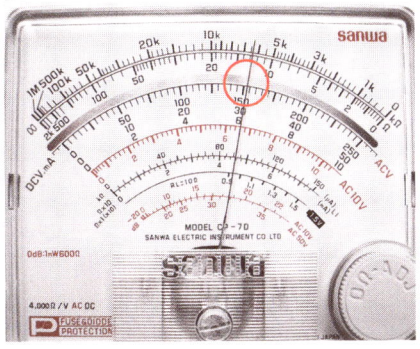

同じ電圧を測っても 10V のレンジ（左図）で測る場合では約 1.5V としか読めませんが、2.5V のレンジ（右図）で測ると 1.53V まで読み取れます。

◆写真 2.5.3 レンジ設定の違いで起こる読み取り誤差

45

第2章 知っておきたいテスターのこと

　もし測定対象のおおよその値が事前にわかっていない場合は、もっとも高いレンジから測定をはじめて、だいたいの値をつかんでから適したレンジに切り替えます。

　もしレンジ設定を間違えていて指針が振り切れてしまっても、慌てる必要はありません。テスターには保護回路が入っていますから、落ち着いてリード棒を測定場所から離して、正しいレンジに切り替えればよいのです。振り切れたまま放っておくのはもちろんよくありません。

アドバイス

　測定対象のおおよその値が事前にわからない場合は、高いレンジから測定をはじめ、適したレンジに切り替えます。

参考

・保護回路
　テスターに定格以上の電流が流れたときにテスターを保護するために電流をしゃ断するための回路。通常はヒューズが入っている。69ページ参照。

COLUMN　テスターの許容差／確度

　測定器には必ず誤差があります。テスターの誤差を示すものとして、アナログテスターでは**許容差**、デジタルマルチメーターでは**確度**、というものが定義されています。

　一例として直流電圧測定機能の許容差と確度について、説明してみましょう。

　アナログテスター CP-7D の直流電圧測定機能での許容差は、最大目盛長の±3%となっています。これは DC10V レンジであれば、許容差は最大目盛 10V の±3%となり、誤差の最大値は 10 × 0.03 = 0.3[V] であることを表します。たとえば測定値が 9.0V であった場合には、真の電圧は、9.0 − 0.3 = 8.7 [V] から 9.0 + 0.3 = 9.3 [V] までの間のどこかである、ということです。

　いっぽう、デジタルマルチメーター PM3 の直流電圧測定機能での確度は、DC400mV レンジでは±（0.7% rdg + 3dgt）と表示されていて、DC4.000V ／ 40.00V ／ 400.0V ／ 500V レンジでは±（1.3% rdg + 3dgt）となっています。これは、誤差の最大値が表示した測定値の 0.7% または 1.3% ＋最下位桁単位 × 3 であるということをいっています。

　たとえば、一番よく使用しそうな DC40V レンジ（最下位桁は 0.01V）で、測定値が 9.00V であった場合の確度は、9.00 × 0.013 + 0.01 × 3 = 0.147 [V] となります。真の電圧の範囲を計算すると、9.00 − 0.147 = 8.853 [V] から 9.00 + 0.147 = 9.147 [V] までの間のどこかになります。

　この結果から、誤差はアナログテスターよりデジタルマルチメーターのほうが少ないことがわかります。正確な値を測定したい場合は、デジタルマルチメーターがより優れているといえるでしょう。

第2章 知っておきたいテスターのこと

2-6 テスターを使う前の準備作業

　テスターを使うときには、いくつかの基本的な準備が必要です。正しく測定するために必要な作業で、簡単な作業ですから、面倒くさがらずに行いましょう。

2-6-1 テストリードを接続する

　テスターには、赤と黒の**リード棒**（**プローブ**とも呼ぶ）の付いたリード線が1本ずつ付属しています。これを**テストリード**と呼びます。

　使用前にテストリードの被覆が破れたり、傷ついたりしていないことを確認してください。

　そして、テストリードのプラグをテスターの入力端子にしっかり差し込み、リード棒の金属ピンを測りたい場所に当てて測定します。このとき、テスターの入力端子のプラス（＋）側には赤のテストリードを、マイナス（－）側には黒のテストリードを差し込み、赤がプラス側、黒がマイナス側と意識して使用します。リード線の色が入れ替わってもテスターが壊れることはありませんが、プラスとマイナスの極性が逆になって測定に不便です。

> **アドバイス**
> 赤がプラス側、黒がマイナス側と区別する癖をつけておきましょう。

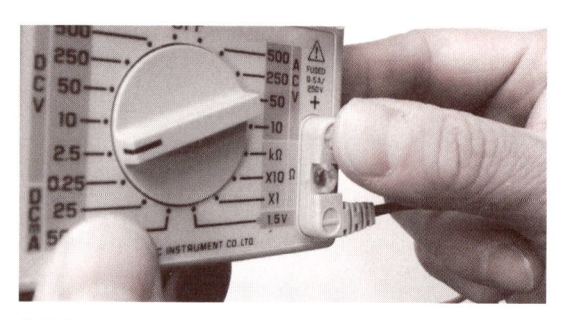

◆写真 2.6.1　テストリードを正しい極性でテスターにしっかり差し込む

なお、デジタルマルチメーター PM3 では、テストリードは本体に接続された状態ですので、テスター入力端子への差し込みはありません。

2-6-2 零点位置調整をする

■ アナログテスターの場合

アナログテスターでは、使用する前に**零点位置調整**（零位調整）を行っておきます。昔の機械式体重計に乗る前に、針の位置を 0kg に合わせておくのと同じ作業です。

指針が全く振れていないときの位置が零点です。この零点が目盛りの左端からずれていると、その分が測定誤差になります。零点位置は、メーターの指針の回転軸付近にあるねじをマイナスドライバーでゆっくり回して調整します（写真 2.6.2 参照）。

零点位置は、そう簡単にずれることはありませんから、一度行えば、あとは数カ月に一度確認する程度でよいでしょう。

> **アドバイス**
> 零点位置になっているか確認してください。ずれているときはメーターの針を目盛りの左端に合わせてください。

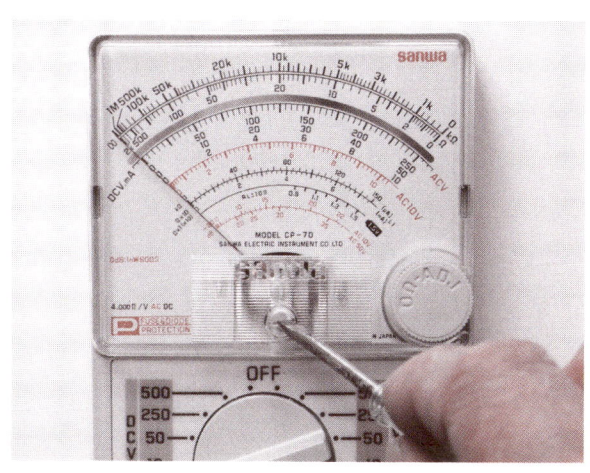

◆写真 2.6.2 アナログテスターの零点位置調整

■ デジタルマルチメーターの場合

　デジタルマルチメーターには零点位置調整はありません。アナログテスターのような機構部品がないので、零点位置がずれることが非常に少ないためです。ただし、測定前にはファンクション切り替えつまみをDCVにセットして、2本のリード棒のピン先を接触（短絡）させて、表示器の数字が0Vに近い値になることを確認しておきましょう（写真2.6.3参照）。この場合、ぴったり完全な0表示にならないことが多いですが、デジタルマルチメーターは非常に小さな数値でも出てきてしまうため、小さな値（一番下の桁の数字が0～2になる程度）であれば実用上は問題ありません。

　もし、0からかけ離れた変な値が表示されるようであれば、故障ですので修理が必要です。

　なお、テスターのリード棒のピン先を接触させない状態でDCVやACVファンクションにしていると、ぱらぱらと安定しない測定値が示されます。これは、デジタルマルチメーターの感度が高くて、空中を飛び交っている電界（電気の力）の影響を受けて起きる現象です。テスターの誤動作ではありません。ですから零点チェックのときは、必ずリード棒のピン先を接触させて、電界の影響を受けないようにしてください。

アドバイス
デジタルマルチメーターは零点位置調整をする必要はありません。

アドバイス
DCVにセットして、リード棒のピン先を接触させ、表示器の数字が0に近い値になることを確認してください。

用語解説
・電界
電線などに電圧がかかると、そこから周囲に向かって電界が発生します。

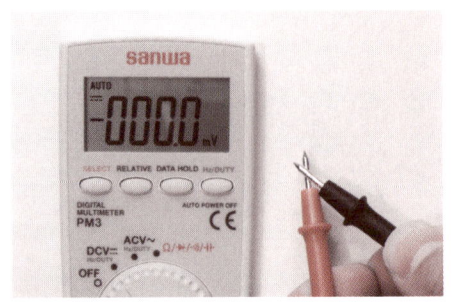

◆写真2.6.3　デジタルマルチメーターの零点チェック

2-6 ◆ テスターを使う前の準備作業

2-6-3 内蔵電池の消耗を調べる

■ アナログテスターの場合

　アナログテスターでは、内蔵の乾電池が消耗してしまうと抵抗の測定が正しく行えません。乾電池が消耗していないかを調べながら、０Ω（ゼロオーム）調整も済ませておきます。

　０Ω調整は、抵抗を測る前には必ず行っておく作業です。また、抵抗の測定レンジを切り替えたときには、その都度０Ω調整が必要です。

　ファンクション切り替えつまみを抵抗（Ω）にセットします。抵抗の測定レンジならどのレンジでもかまいませんが、内蔵電池の消耗のチェックをする場合は、一番小さな抵抗レンジ（たとえば「×１Ω」）につまみを合わせます。

> **アドバイス**
> CP-7D の目盛り板の右下にある「０Ω調整器」で調整します。

> **アドバイス**
> ×１Ωレンジでの測定は、内蔵電池の電流消費が大きいので、このレンジで連続して測定しているとしだいに０Ω位置がずれてきます。途中で０Ω調整をしながら測定します。

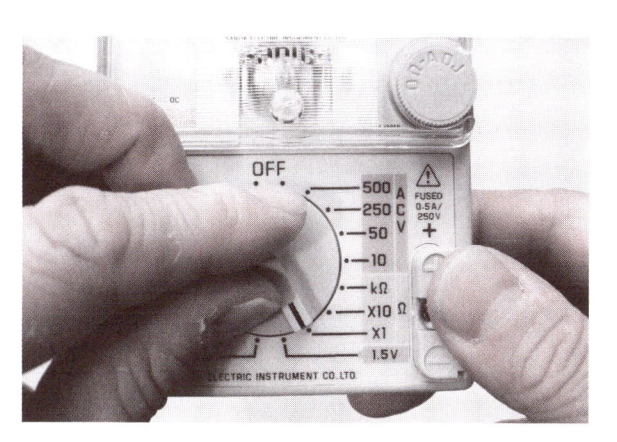

◆写真 2.6.4　アナログテスターのレンジを「×１Ω」にセットする

　２本のリード棒のピン先を接触（短絡）させると、指針が右に大きく振れます。指針の位置が目盛りの右端に合うように、０Ω調整つまみをゆっくり回して調整します（次ページ写真 2.6.5 参照）。

> **アドバイス**
> ０Ω調整で右端まで指針がいかない場合は電池切れです。

0Ω調整つまみを回しても、目盛りの右端まで指針が行かないときは、電池切れです。68ページの「テスターの保守」を参考にして、乾電池を交換してください。

なお、0Ω調整で指針が全く振れない場合は、電池が全くないか、保護用ヒューズが切れたときです。ヒューズが切れた場合は、同じ規格のものと交換が必要です（69ページ参照）。

> 参照
> ・「テスターの管理と保守」
> → p.66
> → p.68

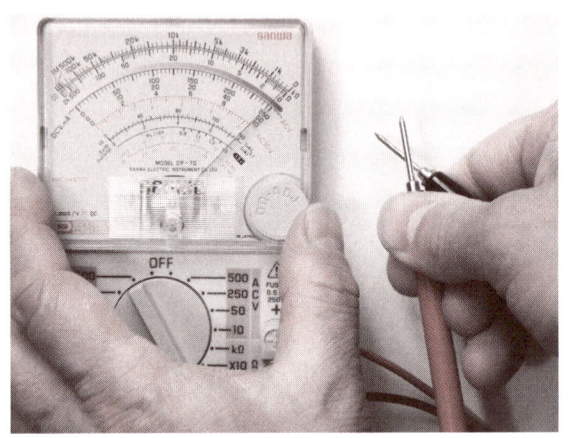

◆写真 2.6.5　リード棒の金属ピンを接触させて 0Ω調整を行う

■ デジタルマルチメーターの場合

デジタルマルチメーターの場合、内蔵電池の消耗は、電源スイッチを入れる（ファンクション切り替えつまみを「OFF」以外のところにセットする）と、表示器に「電池消耗マーク」が表示されるので確認できます（写真 2.6.6 参照）。さらに、電源を入れても表示器に何も表示がされないときは、完全に電池が切れた状態です。68ページの「テスターの保守」を参考にして、乾電池を交換してください。

なお、デジタルマルチメーターには抵抗測定の0Ω調整はありません。リード棒のピン先同士を接触させて、ほぼ0Ω

> アドバイス
> 「電池消耗マーク」が表示されたら、電池を交換してください。

を示すことを確認しておけばよいのです（写真 2.6.7 参照）。そして 50 ページの零点位置調整と同様に、ぴったり 0 Ω を表示しなくても、ほぼ 0 Ω であれば OK です。

◆写真 2.6.6　デジタルマルチメーターに表示される「電池消耗マーク」

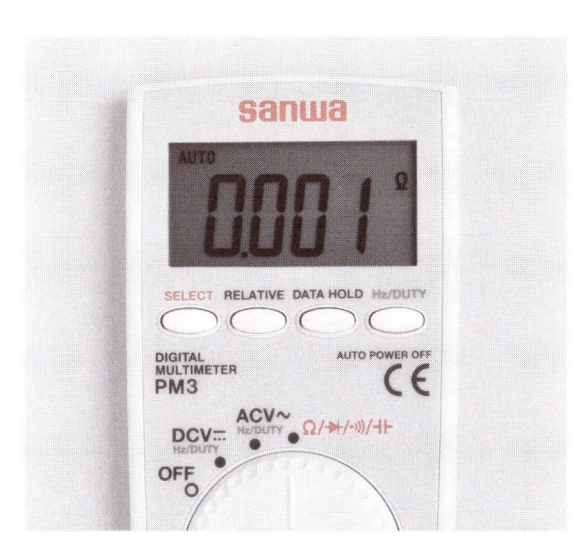

◆写真 2.6.7　デジタルマルチメーターではぴったり 0 Ω と表示されなくても故障ではない

2-7 テスターの正しい取り扱い方

2-7-1 テスターの置き方

　テスターは、明るい環境で、メーターや液晶表示の数値が読みやすい方向にして測定します。メーターや数値が読みにくいと、意識がテスター本体に集中してしまい、リード棒を持つ手がおろそかになって、リード棒の金属ピンが測定した場所から外れてしまったり、関係ないところとショートさせて、部品を壊すことがあるかもしれません。

　また、テスターは測定器であり、電子機器でもありますから、ぶつけたり落下させないよう、安定した場所に置きましょう。とくにアナログテスターのメーター部、デジタルマルチメーターの液晶表示部はデリケートな部分ですから、取り扱いには注意してください。

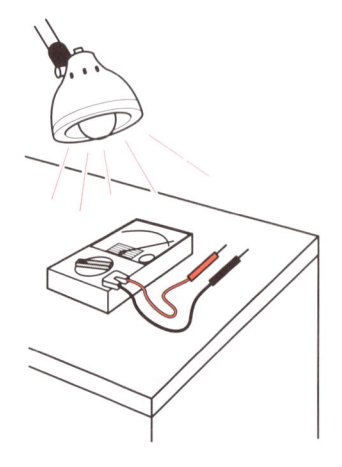

○明るい安定した場所　　　×暗い場所、安定しない場所

◆図 2.7.1　テスターは明るく安定した場所で使おう

2-7-2 リード棒の持ち方と扱い方

　測定は、リード棒先端の金属ピンを測定対象に接触させて行います。リード棒を手に持つ際は、赤と黒のプラスチック部分を握り、先端の金属部分に触れてはいけません。金属部分には電気が来ていますから、測定誤差になったり、測定電圧によっては感電の危険もあります。

　数 10V 以上の高い電圧を測定する場合は、2 本のリード棒を両手ではなく片手で持つとより安全です。これは、感電した場合に、電流が心臓を経由する可能性が低くなること、空いているもう一方の手で感電して動かなくなった手を払いのけたり、倒れる際に地面に手を付けるなど、より自由がきくと考えられるからです。

> **注意**
> 先端の金属部分に手や指が触れないようにしてください。

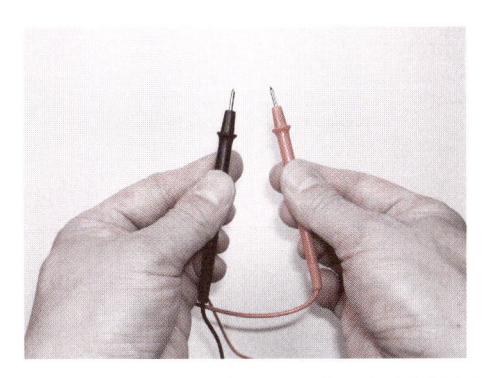

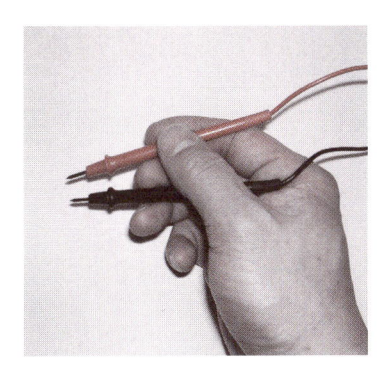

◆写真 2.7.1　リード棒の正しい握り方（先端近くを握らない）（写真左）と感電時の危険が少ない握り方（写真右）

第2章 知っておきたいテスターのこと

　机の上でテスターで測定をする場合は、**クリップアダプター**があると便利です。これはリード棒先端に取り付けて、ミノムシクリップで測定したい部分をくわえることができるもので、テスターオプションとして発売されています（テスターに付属している製品もあります）。

　写真は、CP-7D用のクリップアダプターと、PM3用のクリップコードです。

　また、ミノムシクリップが両端についたコードも市販されています。片方でテストリードの金属ピンをくわえさせて使います。電子回路の複数箇所の電圧を測るときには、基準となる部分（通常はグランド点）に黒のテストリードをクリップで接続しておき、赤のリード棒を片手で持って各点を測定します。

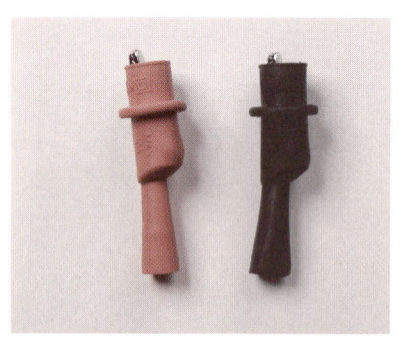

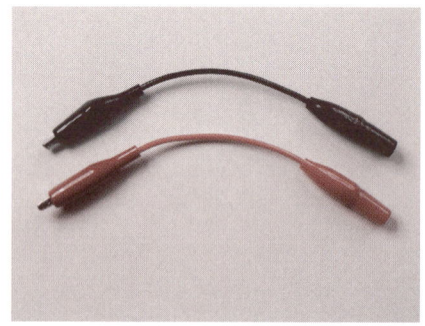

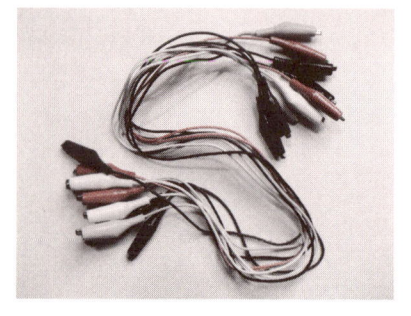

◆写真2.7.2　クリップアダプター（写真左上）とクリップコード（写真右上）、ミノムシクリップ付きコード（写真下）

2-7-3 測定値の読み方

■ アナログテスターの指針の見方

　アナログテスターの指針の目盛りを読むときは、メーターの正面から見るようにしましょう。指針と目盛り板には数ミリの距離がありますので、斜めから見ると読み取る目盛りがずれてしまいます。また、目盛り板に付いているミラーに写る指針が実際の指針と重なるように見ると、値を正確に読み取ることができます。

指針とミラーの像がずれている　　指針とミラーの像が重なっている

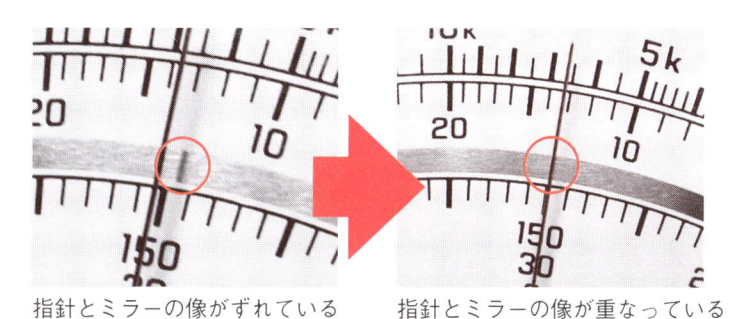

◆写真 2.7.3　指針とミラーに写った指針が重なるような位置で目盛りを読む

　目盛り板には、目盛りがたくさん描かれています。測定しているファンクション、レンジに応じた目盛りを探して、値を読み取ります。レンジによってはぴったりの目盛りがなく、数字を10倍したり10分の1にして読み取る場合もあります。

　写真は、1.5Vの電池をDC2.5Vレンジで測定しているところですが、最大値が250の目盛りで150を指していますから、その100分の1である1.5Vが測定値、ということになります。

　巻末に各ファンクション、レンジでの指針の読み取り例を記載しましたので、わからないときはそこを参照してみてください。

参照
・測定レンジと
目盛りの読み方
→ p.195

第 2 章　知っておきたいテスターのこと

◆写真 2.7.4　1.5V の電池を測定したときの指針と目盛り

■ デジタルマルチメーターの値の見方

　デジタルマルチメーターは、DCV、ACV などのファンクション切り替えをすれば、あとは測定値に応じて自動的に最適なレンジに切り替えて表示してくれます。
　そして表示窓右側に、数値の単位が表示されます。表示窓左側には、DC か AC の表示が出ますので、単位が V の場合に、DCV か ACV のファンクションが確認できます。写真は、DCV 測定で電池を測定した場合と、ACV 測定でコンセントの電圧を測定した場合ですが、見てのとおり、値の読み取りは容易です。

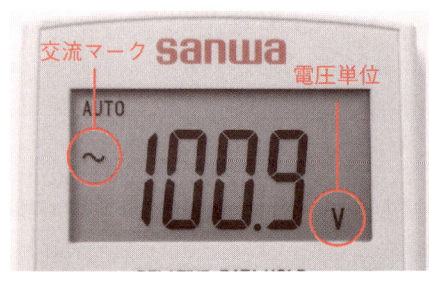

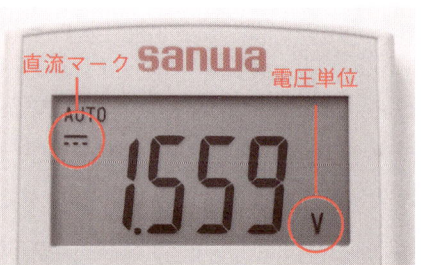

◆写真 2.7.5　デジタルマルチメーターの表示例

2-8 電圧や電流の測り方

テスターで電圧や電流を測定するときの、基本を覚えましょう。

2-8-1 電圧は「並列」で測る

川では水面の高さの違いが水を流す力になり、水は高いところから低いところへ流れます。同じ川幅では高さの差が大きいほど水は速く流れ、水の量も多くなります。

電気にも高い、低いがあって、その高さの差が電気を流そうとする力になり、これが「**電圧**」です。同じ抵抗ならかかる電圧が高いほど電気が速く流れ、電流が大きくなります。

ある部品にかかっている電圧を測るときは、電圧測定機能でリード棒を、部品に並列に当てて測定します。

直流を測るときはファンクション切り替えつまみを DCV に、交流を測るときはファンクション切り替えつまみを ACV に設定します。直流でも交流でも、電圧を測るときは並列で測定するのは同じです。

直流の場合は＋（プラス）と－（マイナス）の極性があります。アナログテスターですと、極性が逆だと針が左に振れようとして測定できませんから、赤のリード棒を＋側、黒のリード棒を－側に当てて測定するようにします。デジタルマルチメーターでは極性が逆でも測定はきちんと行われ、－を表示してくれます。

交流を測る場合は、極性はありませんので、リード棒をどちら側に当てても構いません。

アナログテスターを使用していて、測りたい部分にどの程度の電圧がかかっているかわからないときは、テスター

> **アドバイス**
> 電圧を測るときは「並列」で測定します。
> ・直 流 電 圧： DCV
> ・交 流 電 圧： ACV

のレンジを一番高いレンジ（CP-7Dでは、直流のときはDC500V、交流のときはAC500V）に設定します。もし針の振れが小さく、レンジを下げても振り切れないことが確認できたら、低いレンジに切り替えてください。

デジタルマルチメーターでは、ファンクション設定が正しければ、レンジ切り替えは自動で行ってくれます。

アドバイス
測りたい部分の電圧がどれくらいかわからない場合は、一番高いレンジの設定から行います。

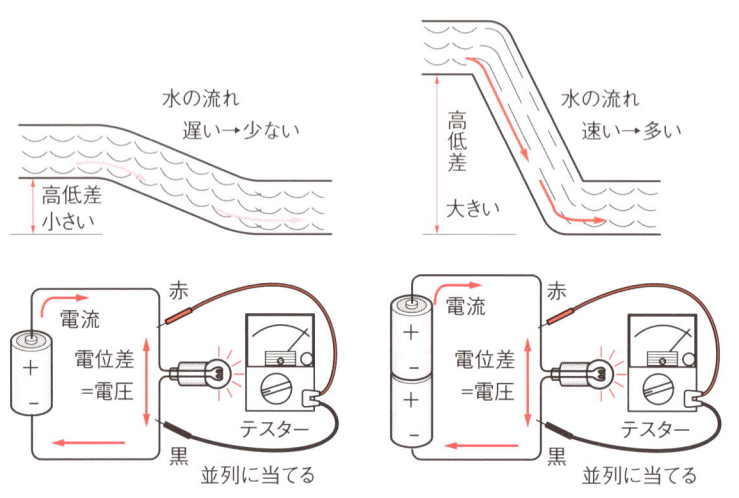

◆図2.8.1 電圧は設定場所にテスターを並列に入れて測る

2-8-2 電流は「直列」で測る

電流とは、流れている電気の量です。流れている水の量を測る場合と同じように、電流を測る場合は流れている電流がテスターの中を通るように流れの中にテスターをつなぐ必要があります。

電流は、一般的にアナログテスターで測定でき、それも、数100mA以下（CP-7Dで500mA）の直流電流に限られます。大きな電流を測定したいとき、または交流電流を測定したいときは、22ページで説明したクランプメーターなどを使用してください。

アドバイス
電流を測るときはテスターを「直列」に接続して測定します。

注意
交流電流は測定できません。

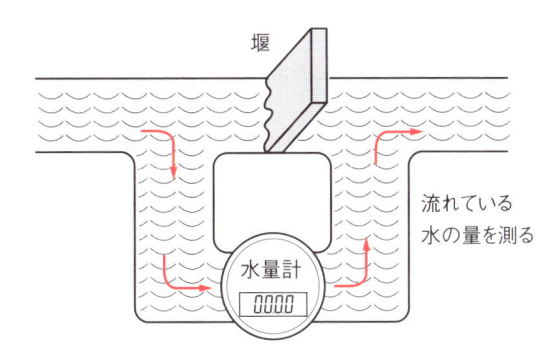

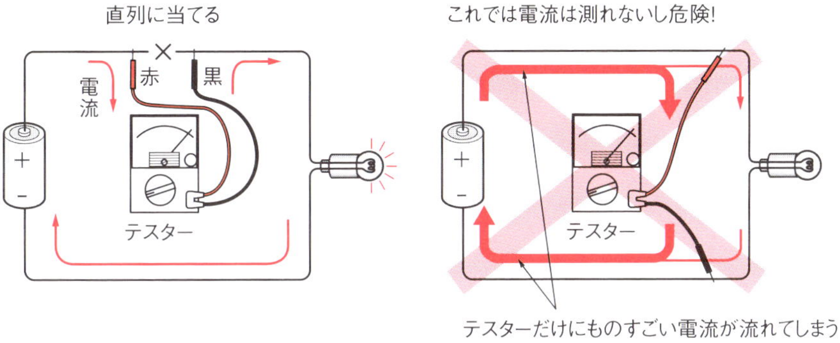

2-8 ◆ 電圧や電流の測り方

◆図 2.8.2 電流は測定場所にテスターを直列に入れて測る

　直流電流を測定するときは、ファンクション切り替えつまみを **DCmA** に切り替えて測定します。CP-7D では最大が DC500mA レンジですので、流れると思われる量がこれを超えない場合にのみ使用できます。電流の量が 500mA 以下であることがわかっていても、実際どのくらいなのかが予測できないときには、最初は一番高いレンジの DC500mA で測定をはじめ、振れが小さくレンジを下げたほうがよい場合に、低いレンジに切り替えてください。

　なお、電流測定のファンクションでは、測定方法を間違えないようにしてください。間違えると、テスターを壊したり、場合によっては事故を起こすことがあります。詳しくは、63 ページの、「テスターでやってはいけないこと」を参照してください。

注意
・テスターでやってはいけないこと
→ p.63

2-8-3 抵抗はなるべく単体で測る

抵抗測定は、測定したい部品の両端にリード棒を当てます。

回路に組み込まれている部品の抵抗値は、回路をよく理解して、周囲の部品の影響を考えながら測定する必要があります。これには深い知識が必要ですから、なるべく部品単体で測定するようにしましょう。

なお、抵抗測定では、テスター内蔵電池を使用し、測定したい部品に電圧をかけ、電流の流れやすさで抵抗を測定しています。かける電圧は数Vの直流ですので、極性のある部品や、電圧によって特性が変わる部品では、想定した抵抗値が表示されないことがありますので、部品の特性にも注意が必要です。これらについては、76ページの「抵抗を測るしくみの違い」や、146ページ「ダイオード」などで詳しく説明します。

> **注意**
> 回路に電流が流れている状態で抵抗を測定してはいけません。テスターを壊します。

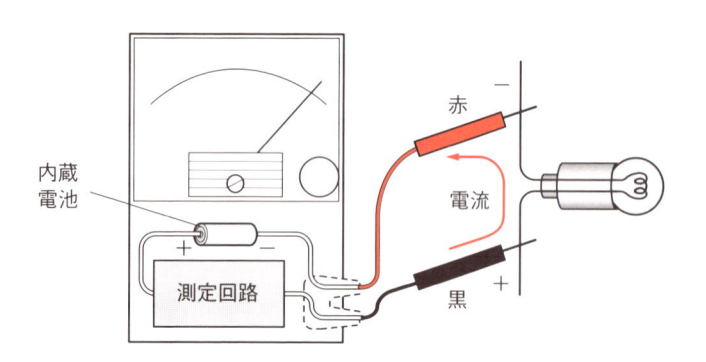

◆図2.8.3 抵抗を測るときは、部品に並列にテスターを当てる

2-9 テスターでやってはいけないこと

テスターを長く、安全に使うための大原則をよく覚えてください。

（1）適切なファンクションとレンジに設定しているかよく確認してから測定する
（2）リード棒の金属ピンを当てる場所が正しいことをよく確認してから測定する
（3）測定中にファンクションを切り替えない

なぜこのことが大切なのでしょうか。

> **注意**
> 測定中にファンクションを切り替えてはいけません。

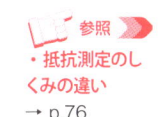

2-9-1 抵抗測定では電圧をかけてはいけない

抵抗測定では、内蔵の電池から数Vの低い直流電圧をかけて測定します。もし、測定したい部分にほかから電圧がかかると、内蔵電池以外の電流が流れ込んで、正しい測定ができません。しかも、抵抗測定のときのテスターの中の回路は、比較的電流が流れやすい状態になっています。電流が流れやすくなったテスターに大きな電流が流れ込んでしまえば、内蔵の保護ヒューズが切れたり、場合によってはテスターを壊してしまうかもしれません。

ですから、抵抗測定では、テスターにほかから電圧が加わるような接続をしてはいけません。また、電圧測定中に間違ってファンクション切り替えつまみを抵抗測定に切り替えるようなことがあれば、同じことが起こってしまいますから、測定中のファンクション切り替えは絶対にしてはいけません。これらのことは、デジタルマルチメーターでのダイオード測定、導通チェック、コンデンサー容量測定のときにも全く同じ注意が必要です。

> **参照**
> ・抵抗測定のしくみの違い
> → p.76

第2章 知っておきたいテスターのこと

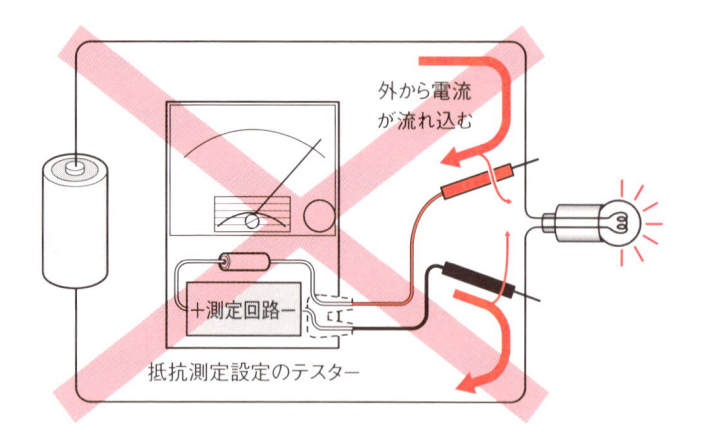

◆図2.9.1 抵抗測定時にはほかから電圧をかけてはダメ

2-9-2 電流測定では電圧をかけてはいけない

　電流測定では、テスターを回路に直列に接続することから、電流の流れを邪魔しないよう、テスターの内部の抵抗値が低くなるようにしています。ですから、この状態でテスターに電圧をかけると、テスターに大きな電流が流れてしまいます（並列に接続してはいけません）。目的の電流が測れないばかりか、内蔵の保護ヒューズが切れたり、テスターが壊れることもあります。

　抵抗測定と同様、電流測定時には絶対に電圧をかけないよう、ファンクション切り替えつまみの設定や測定方法が正しいか十分に確認し、測定中のファンクション切り替えも行わないようにしてください。

　アナログテスターの場合には、ファンクションを切り替えるときに低い測定レンジをまたぐ可能性があります。そのときにヒューズが切れてくれればまだいいのですが、切れずにメーターが強く振り切れて破損したり、メーターのコイルが

注意
電流を測るときは、テスターを「直列」に接続します。

注意
電流測定レンジは、電気、電子回路の知識が十分理解できてから使うようにしてください。

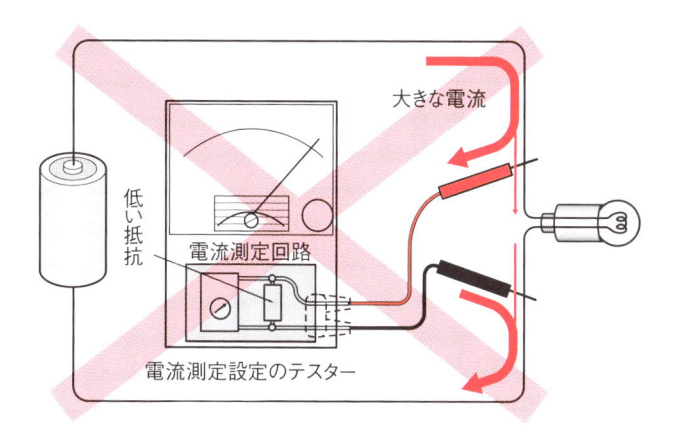

2-9 ◆ テスターでやってはいけないこと

> **注意**
> 図 2.9.2 のようにレンジを DCmA にして並列につなぐと、大きな電流がテスターに流れてしまい、テスターが壊れることがあります。

◆図 2.9.2 電流測定時にはほかから電圧をかけてはダメ

発熱して、心臓部であるメーターが壊れてしまうかもしれません。ファンクション切り替えは、いったん測定を中止してから行うようにしましょう。

　そのほか、安全のために下記の項目を守って使用してください。

（1）測定できる最大の電圧・電流を超えて使用しない（故障・感電防止）
（2）リード棒やリード線が痛んでいる状態では測定しない（感電・短絡防止）
（3）リード棒の金属ピン部分の近くを持たない（感電防止）
（4）テスターや手が濡れた状態で使用しない（感電防止）
（5）内蔵電池またはヒューズの交換以外の目的で内部を触らない（故障・事故防止）

　さらに、家庭の分電盤や工場でテスターを使う機会がある方は、巻末で解説している、テスターのカテゴリーをよく理解して、家庭用のテスターでは分電盤や屋内配線を測らないように注意してください。

> **注意**
> 分電盤や屋内配線を測らないでください。

第2章　知っておきたいテスターのこと

2-10 テスターの管理と保守

テスターを大切に使い続けるための、管理と保守の基本を覚えましょう。

2-10-1 テスターの管理

　デジタルマルチメーターは、測定中は電池を消耗します。ですから、測定が終わったら、速やかにファンクション切り替えつまみをOFFの位置にし、電源を切りましょう。また、PM3では測定時間が15分を越えると自動的に電源が切れる、オートパワーオフ機能が付いています（オートパワーオフが働く直前にブザーが鳴ります）。オートパワーオフが働いて、電源が切れたときは、セレクトスイッチを押すと、オフ状態が解除され、測定が続けられます。

　いっぽう、アナログテスターは、抵抗測定機能で、リード棒に電気が流れる状態のときだけ電池が消耗します。ですから、使用しないときは、ファンクション切り替えつまみは抵抗測定以外の位置にしておきましょう。CP-7DではOFFのポジションがありますから、ここにしておけば電池の消耗を心配しなくて安心です。

　テスターは気軽に持ち運べるのが大きな長所ですが、あくまでも測定器ですから、ぶつけたり落としたり、水や粉塵がかかったりしないよう、なるべくていねいに扱いましょう。そして、直射日光が当たるところ、湿気の多いところは避けて保管してください。直射日光では紫外線や高温で劣化・変形したり、湿気ではテスター内部の接点が錆びて接触不良が起きて正しい測定ができなくなるおそれがあります。

> **アドバイス**
> オートパワーオフ機能が必要ないときは、セレクトスイッチを押したままでファンクション切り替えつまみをOFFから測定したいファンクションに設定し、2〜3秒後にセレクトスイッチを離すと、オートパワーオフ機能は働かなくなります。

2-10 ◆ テスターの管理と保守

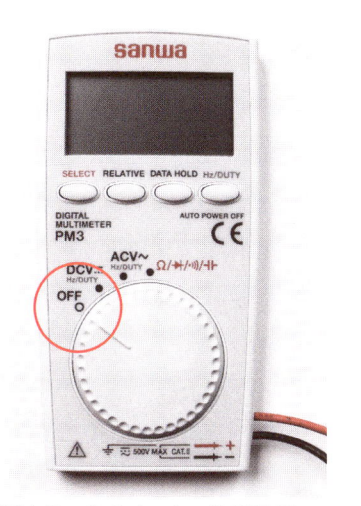

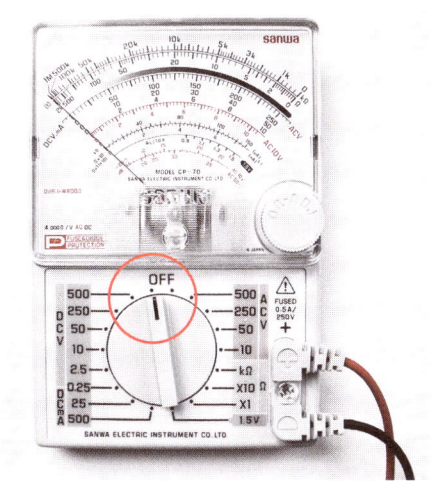

デジタルマルチメーターは OFF に　　アナログテスターは OFF あるいは抵抗以外の
　　　　　　　　　　　　　　　　　　ファンクションに

◆写真 2.10.1　テスターを使わないときのファンクション切り替えつまみ位置を守ろう

ぶつけない　　　落とさない　　　水をかけない

直射日光を当てない　　湿気の多い所に置かない

◆図 2.10.1　テスターは大切に扱おう

67

2-10-2 テスターの保守

■ 内蔵電池の交換

　テスターには電池が内蔵されています。デジタルマルチメーターでは、測定回路は電子回路ですから、測定には必ず電池が必要です。PM3 では、表示窓右上に電池の絵が出たら電池切れです。アナログテスターでは抵抗測定の場合だけ、電池を使用します。CP-7D では、×1Ωレンジで0Ω調整ができなくなったら電池切れです（51 ページ参照）。電池が切れた場合は、以下の要領で電池を交換してください。

■ PM3 の電池交換

　PM3 では、コイン型リチウム電池 CR2032 を 1 個使用しています。この電池は非常にポピュラーなもので、スーパーなどでも売っています。

> **注意**
> CR2032 の極性（＋、－）を確認して挿入してください。

　テスター背面の下のプラスビスをゆるめ、蓋を開けると、現れた緑の基板左上に丸いコイン電池がありますので、これを交換します。新しい電池は電池のメーカー名や型番が見える向きに挿入してください。コイン電池はどちら向きに挿入したらよいかややわかりにくいので、間違えないよう注意しましょう。

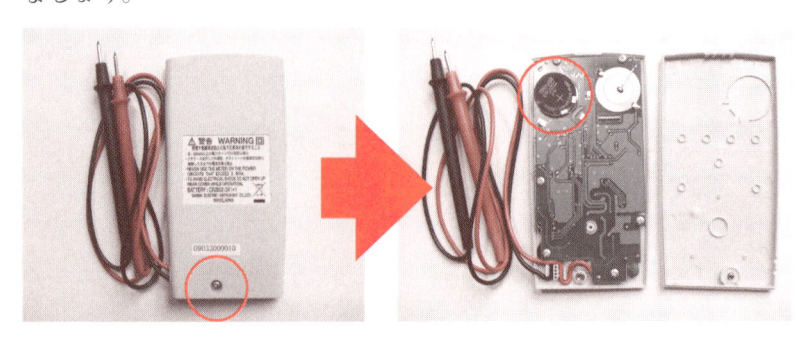

◆写真 2.10.2　PM3 の背面のビス（写真左）と内蔵電池（写真右）

2-10 ◆ テスターの管理と保守

電池の交換が終わったら、電池がずれないように注意しながら蓋を閉め、ビスを元どおりに締めておきます。

■ CP-7D の電池交換

CP-7D では単3形乾電池が1本使用されています。テスター背面のビスをプラスドライバーでゆるめると、蓋を開けられます。電池が見えますからこれを交換します。

◆写真 2.10.3 CP-7D の背面のビス（写真左）と内蔵電池（写真右）

■ 保護ヒューズの交換

テスターには、事故を防ぐため**ヒューズ**が内蔵されています。もし切れてしまった場合、CP-7D では電池交換と同様の方法で交換可能です。三和電気計器ではテスターに適した交換用のヒューズを安価に売っていますので、直流電流測定などヒューズを切ってしまう可能性が高い使い方を多くする場合は、何本か予備を購入しておくとよいでしょう。

ヒューズはガラス製でそこに無理な力がかかると割れるおそれもありますから、写真のようにヒューズを保持している金具部分に先の細いドライバーを挿入して、こじるように取り出すと安全です。新しいヒューズを挿入したら、蓋を閉め、元どおりビスを閉めます。

> **用語解説**
>
> ・ヒューズ
> 電気回路を過電流から保護するための部品。

第2章 知っておきたいテスターのこと

　なお、PM3はヒューズの交換はできませんので、メーカーでの修理対応となります。

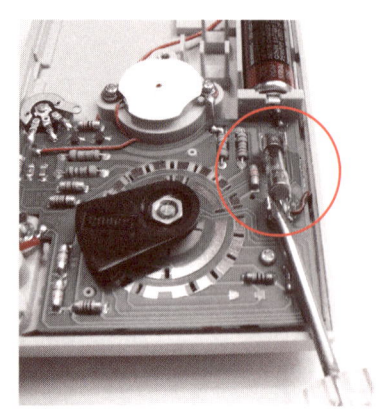

◆写真2.10.4　CP-7Dのヒューズの取り出し

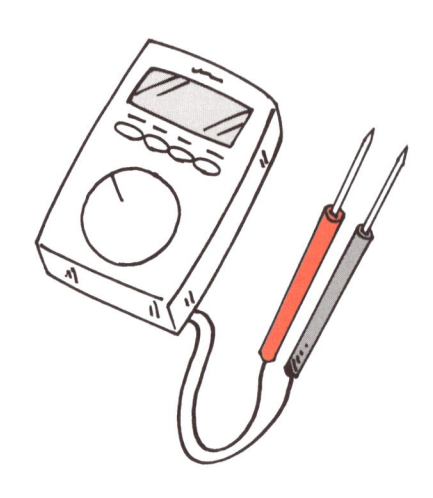

第 **3** 章

身近なものを測ってみよう

　家庭の電気を測ってみながら、テスターの基本測定機能の操作をマスターしましょう。本章ではアナログテスターを使って説明します。デジタルマルチメーターの場合でも、レンジの切り替え操作がないだけで、測定方法は同じです。

第3章 身近なものを測ってみよう

3-1 人体の抵抗を測る　　抵抗

　テスターの抵抗測定機能を使って、人の体がどれくらい電気を流しやすいのかを調べてみましょう。最近流行の体脂肪計は、人の体は脂肪が多いほど電気を流しにくいという性質を利用して、体脂肪率を割り出しています。

3-1-1 人の抵抗の測り方

　テスターには、「電気の流れやすさ」（**導電率**という）を測る機能はありません。そこで「電気の流れにくさ」である抵抗を測って、抵抗値が小さい（流れにくさが小さい）ものほど電気が流れやすい、と判定します。

　抵抗は、Ω（オーム）という単位でその大きさを表します。テスターで測れる抵抗は、数Ωから百万Ω（＝ MΩ：メガオーム）くらいの範囲です。それくらいが測れれば電気部品の測定には間に合うのです。

　さっそく人の体の抵抗を測ってみましょう。

　まずテスターのファンクション切り替えつまみを「**抵抗（Ω）**」にセットします。アナログテスターでは、さらにレンジをセットしなければなりません。

参照
・導電率
→ p.77
・Ω（オーム）
→ p.38

用語解説
・M（メガ）
　電気では大きな値から小さな値まで、広い範囲を扱うので、補助単位を付けて表します。
10^3：k（キロ）
10^6：M（メガ）
10^9：G（ギガ）
10^{12}：T（テラ）

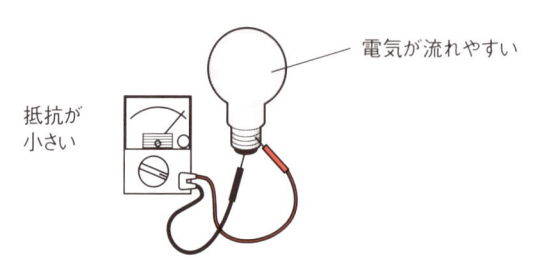

◆図 3.1.1　電気の流れやすさは、抵抗の裏返し

3-1 ◆ 人体の抵抗を測る

　測定対象の抵抗値のおおよその目星がつかないので、そんなときにはとりあえず最大レンジで測ってみます。本書で使う「CP-7D」には、×1Ω、×10Ω、×kΩ（キロオーム）の3つのレンジが用意されていますから、最大レンジの×kΩのレンジにセットします（写真3.1.1 参照）。

📎 参照
・レンジ
→ p.44

📎 アドバイス

　各レンジは以下の測定範囲で使います。
・×1Ω
　0〜200Ω
・×10Ω
　20〜2kΩ
・×kΩ
　1k〜1MΩ

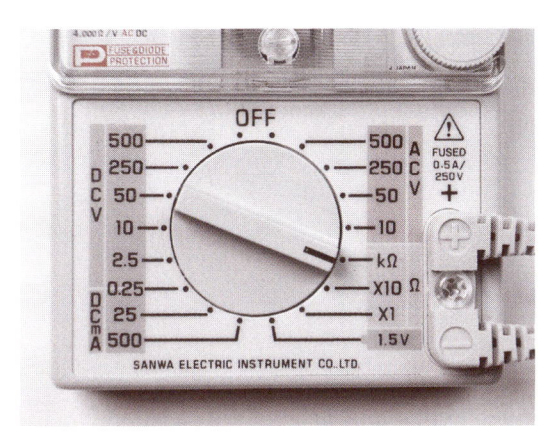

◆写真3.1.1　アナログテスターのレンジ切り替えつまみを「×kΩ」にセットする

　テスターのリード棒それぞれの金属ピン部分を1本ずつ両手で握ります（写真3.1.2 参照）。リード棒の色は右左どちらでもかまいません。

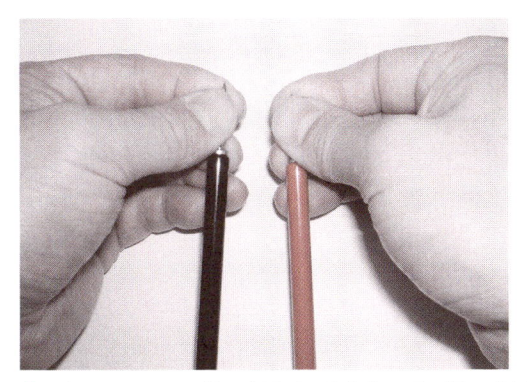

◆写真3.1.2　リード棒の金属ピンを左右の手で握る（赤黒はどちらでもよい）

第3章 身近なものを測ってみよう

針が振れましたか？ 振れない場合は、手を強く握ってください。それでも駄目な場合、手のひらを強くこすって汗を出すか、水で濡らしてみてください。今度は振れましたか？

手のひらを濡らすのは、ピン先と手のひらの電気的な接触をよくするためです。

抵抗値はいくらか読めますか？ 筆者の場合は写真 3.1.3 のように示されました。設定は×kΩレンジですから、図 3.1.2 の赤い目盛りで指針の位置を読み取ることになるので、筆者の体の抵抗値は 100kΩとなりました。

同じようにデジタルマルチメーターで測ってみると、173.9kΩと表示されました。デジタルマルチメーターのリード棒の金属ピンが小さい分抵抗が高く出たようです。

> **アドバイス**
> 「×kΩ」のレンジを選択した場合は、図 3.1.2 で赤く示した目盛りの値を見ます。

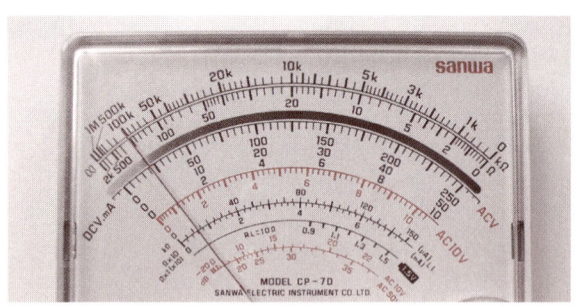

◆写真 3.1.3 筆者の体の測定結果

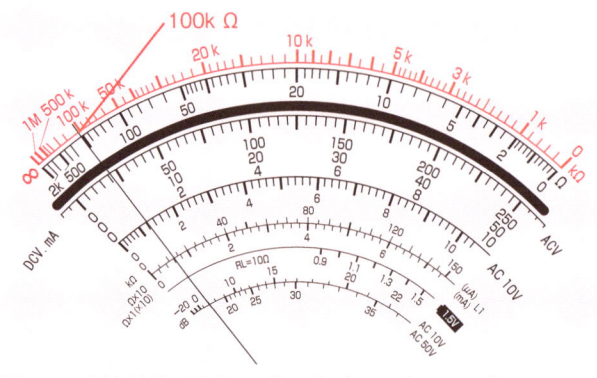

◆図 3.1.2 測定結果の目盛りの読み方（レンジ：×kΩ）

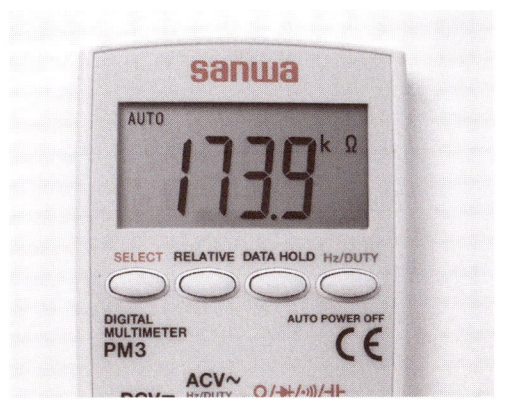

◆写真 3.1.4 デジタルマルチメーターで同様の測定をした結果

COLUMN　テスターから流れる電流は人に影響しないのか

　人間の体は、70％が水で、その中に電気を流す役割をするイオンが多数含まれており、人体は電気をよく流す「導体」とされています。しかし、乾燥した皮膚の表面はそれほど電気を通しません。したがって、手で電極を握って抵抗値を測定する場合、皮膚の乾燥状態で抵抗値が大きく変わります。

　測定した手のひらの水分が多いと数字は小さくなります（抵抗値が下がる＝電気がよく流れる）。ですから、暑かったり、緊張していたりして汗をかいていると、抵抗値は下がる、ということになります。人間は、緊張すると手のひらに汗をかくという性質を利用して、質問をしながら手のひらの抵抗値を測定し、抵抗値の微妙な変化で質問の答えに嘘をついていないか判断する装置（**ポリグラフ**）があります。

　なお、テスターでの抵抗測定時の電圧は数Ｖと非常に低く、皮膚を通して触ったくらいでは人体に害はありません。しかし、たとえ数Ｖであっても、粘膜など濡れて電気をよく通す部分に長時間ながしたりするのは避けなければなりません。とくに皮膚の敏感な幼児の場合には、注意が必要です。

3-1-2 抵抗を測るしくみの違い

抵抗を測る際のテスターの電気的なしくみは、図3.1.3のようになっています。アナログテスターとデジタルマルチメーターではしくみが違うのです。

アナログテスターでは、1.5V～3V程度の電池を電源として、測定対象（ここでは人）に流れる電流を測っています。電流の流れやすさで抵抗を測っているわけです。

> 参照
> ・V（ボルト）
> → p.16

いっぽう、デジタルマルチメーターでは、測定対象に一定の電流を流し、測定対象の両端に発生する電圧を測定することによって、抵抗値を算出するしくみになっています。

そして図3.1.3からわかるように、アナログテスターとデジタルマルチメーターでは、リード棒の金属ピンにかかる直流電圧の極性が異なります。このことは、ダイオードなど極性のある電子部品を測定するときに注意が必要になります。

アナログ式の抵抗測定は黒が＋　　　　デジタル式の抵抗測定は赤が＋

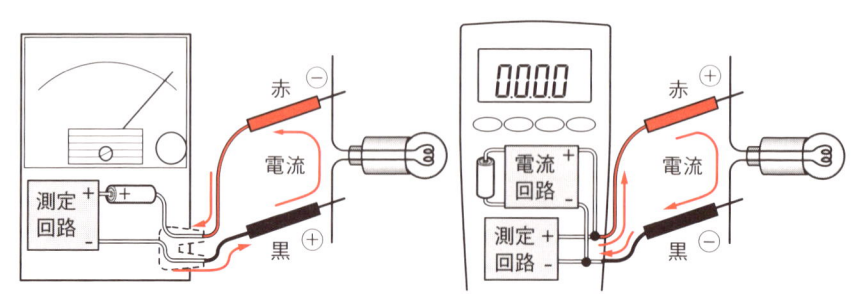

◆図3.1.3 デジタル式とアナログ式の抵抗測定のしくみの違い

3-2 電気をよく通すものと通さないものを調べる　抵抗

今度は、私たちの身の回りのさまざまな材料を調べて、電気を通すものと通さないものに分けてみましょう。
これもテスターの抵抗測定機能を使います。

3-2-1 電気抵抗とは何か

テスターで抵抗を測る前に、電気抵抗について説明しておきます。

■ 物質は固有の抵抗率を持っている

物質が電気を通しやすいか通しにくいかという性質は、**電気抵抗**という値で表します。電気抵抗の単位はΩ（オーム）です。電気抵抗は、電気の流れを妨げる性質を表す数値で、その値が大きいほど電気を通しにくいということになります。

そして電気抵抗の大きさは、物質の長さに比例し、断面積に反比例します。つまり同じ物質でも、測定点間の距離やその太さが違うと電気抵抗も違ってくるのです。

そこで、物質固有の電気的性質を表すときには、単位長（1m）、単位断面積（$1m^2$）あたりの電気抵抗で表すようにし、それを**抵抗率**（ρ）と呼んで、Ω・m（オームメートル）という単位で表しています。抵抗率が大きい物質ほど電気を流しにくいと判断します。

また抵抗率の逆数をとって、電気の流れやすさを表すこともあります。これは**導電率**と呼ばれ、電気の流れやすさの単位S（ジーメンス）を使用して、S／cmで表します。

第3章 身近なものを測ってみよう

$$抵抗\ R = \rho \frac{L}{A}\ [\Omega]$$

物体の抵抗率 $\rho\ [\Omega \cdot m]$

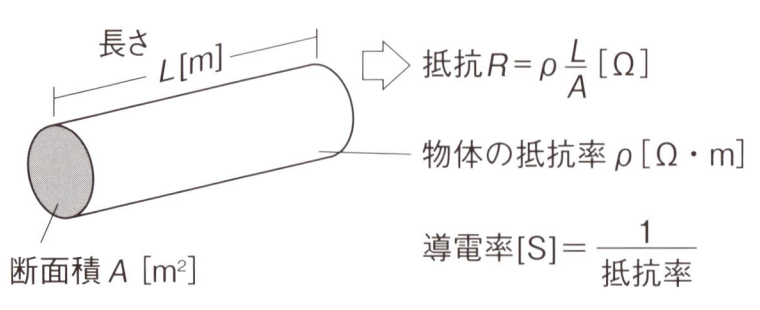

$$導電率[S] = \frac{1}{抵抗率}$$

長さ $L[m]$
断面積 $A\ [m^2]$

◆図 3.2.1 物質の抵抗率と電気抵抗

■ 導体と絶縁体

物質のうち、電気をよく通す物質を**導体**、電気をほとんど通さない物質を**絶縁体**と呼んで区別しています。金属は導体で、ゴムや磁器は絶縁体であることはよく知られています。

そこでこれらの物質を先ほど説明した抵抗率順に並べてみると、**図 3.2.2** のようになり、おおよそ 10^{-6}（100万分の1）$[\Omega \cdot m]$ 以下の物質が導体と呼ばれ、10^8（1億）$[\Omega \cdot m]$ 以上なら絶縁体と呼んで区別されていることがわかります。なお、その中間の物質が**半導体**と呼ばれる物質で、不純物の濃度や温度の違いによって抵抗率が大きく変化する性質を持っています。

> **参考**
> 導体
> Conductor
> 半導体
> SemiConductor
> 絶縁体
> Insulator

> **アドバイス**
> 金属は温度が上がるほど抵抗率が上がりますが、半導体は温度が上がると抵抗率が下がります。

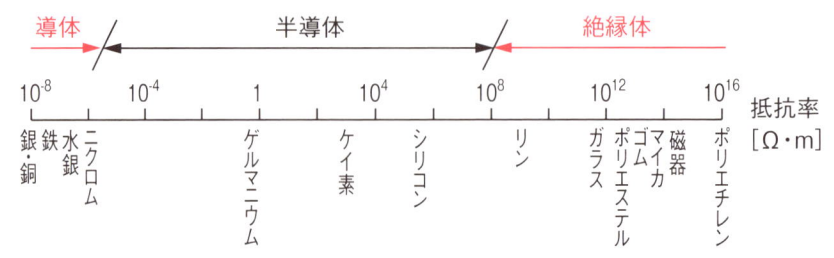

導体 / 半導体 / 絶縁体

10^{-8}　10^{-4}　1　10^4　10^8　10^{12}　10^{16}　抵抗率 $[\Omega \cdot m]$

銀・銅　鉄・水銀　ニクロム　ゲルマニウム　ケイ素　シリコン　リン　ガラス　ポリエステル　ゴム　マイカ　磁器　ポリエチレン

◆図 3.2.2 抵抗値で並べた導体と絶縁体の範囲

■ テスターでは導体と絶縁体の抵抗は測れない

テスターの抵抗測定機能で測れる抵抗値は、おおよそ 0 Ω 〜 1M Ω の範囲です。おおよそと断る理由は、アナログテスターでは、0 Ω 付近と 1M Ω 以上の目盛り間隔が狭くて、その近辺の正確な読み取りができないからなのです。また、許容値や確度（47 ページ参照）の問題も、このあたりの正確な測定ができない要因にもなります。

ですから、テスターでは、図 3.2.2 で示したような導体や絶縁体の抵抗値を測定すると、導体は全部指針が振り切れて 0 Ω となり、絶縁体は指針が振れずに ∞ Ω となってしまいます。

つまり導体や絶縁体の抵抗測定では、抵抗値を測るのが目的ではなく、電気をよく通すかどうか、言い換えれば導通があるかどうかを測定するのが目的となるのです。

参照
・導通
→ p.83

COLUMN　テスターの目盛り ∞ と O.L の違い

　CP-7D の ×kΩ レンジで指針が全く振れないところの目盛りは ∞（無限大）です。そのすぐ右隣の抵抗値の最大目盛りは 1M Ω です。もし 100M Ω の抵抗を測定したら、指針は全く振れないでしょう。PM3 では、40.00M Ω 以上の抵抗値では、レンジを超えてしまって測定できないという意味の **O.L（オーバーレベル）** という表示が出ます。つまり、テスターで測定できる抵抗値には上限があって、それ以上はどんな値かはわからないのです。抵抗値の ∞ はかならずしも、完全に絶縁されていて全く電気を通さない、という意味ではないのです。こういった大きな抵抗値を測定するときは、絶縁抵抗計（24 ページ参照）を使います。

3-2-2 抵抗の測り方

■ 金属類の場合

まず、金属製のスプーンを測ってみましょう。

金属が電気を通しやすいことは想像がついていますから、ファンクション切り替えつまみを**抵抗の×1Ω**（一番小さな抵抗を測定するレンジ）にセットします。

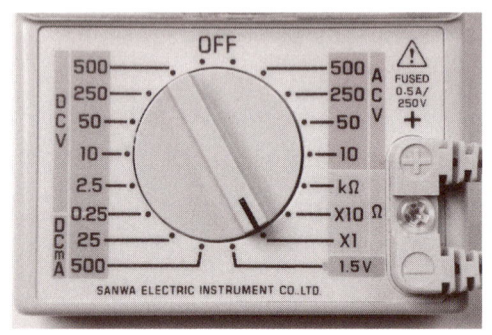

◆写真 3.2.1　ファンクション切り替えつまみを「×1Ω」にセットする

2本のリード棒の金属ピンを測定対象の両端に強めに押し当てて、抵抗値を測定してみましょう。抵抗を測るときは、リード棒の色（極性）を気にする必要はありません。

アドバイス
抵抗を測る時は、リード棒の色（極性）を気にする必要はありません。

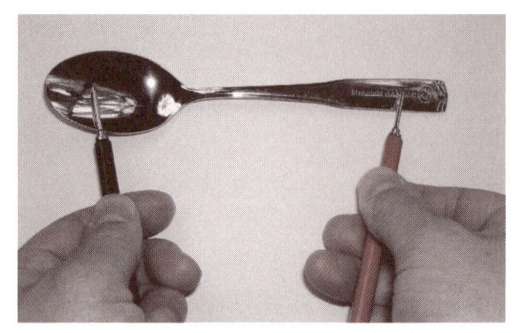

◆写真 3.2.2　リード棒の金属ピンを測定対象の両端に押し当てる

3-2 ◆ 電気をよく通すものと通さないものを調べる

　指針が大きく振れて0Ωを指しているのがわかります。電気を妨げる抵抗が0ですから、金属は電気をよく通すことが測定でも確認できたわけです。

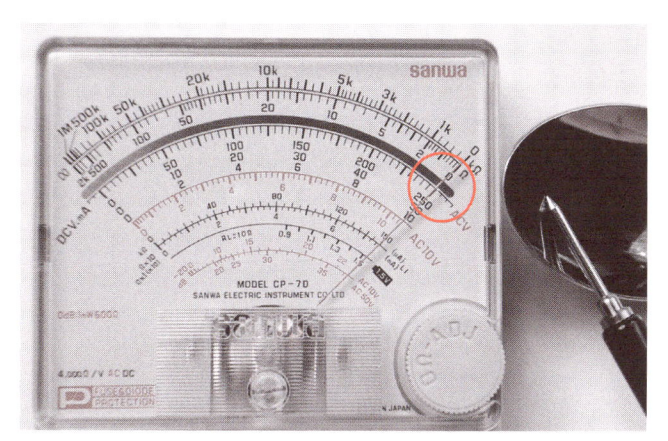

◆写真 3.2.3　指針が目盛りいっぱいに振れて、0Ωを指した

■ 非金属類の場合

　次に、プラスチックなどの金属以外のものを同様に測ってみてください。レンジは×1Ωのままです。

　このとき注意しなければいけないのは、金属ピンを指で押し付けたりしてはいけないことです。金属ピンに指が触れていると、人体の抵抗も一緒に測ってしまって正確な測定ができません。

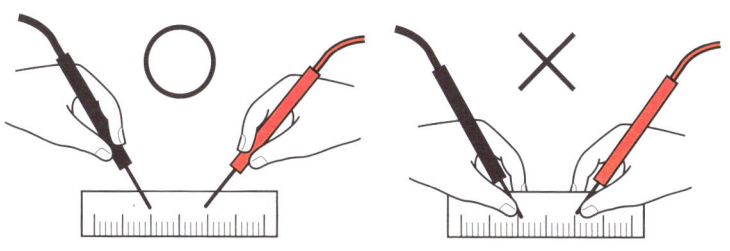

◆図 3.2.3　金属ピンは指で押し付けてはいけない

第3章 身近なものを測ってみよう

　今度は指針がほとんど振れません。これでは目盛りが読めないので、ファンクション切り替えつまみを抵抗の最大レンジである×kΩにセットしなおして、あらためて測定します。

　実験するとよくわかるのですが、金色や銀色に光っているものはすべて電気をよく通します。金属だからです。金色・銀色以外では、唯一、鉛筆の芯だけが電気を通します。鉛筆の芯は主に黒鉛（炭素）からできていて、炭素はじつは金属に近いのですが、やや特殊な性質もあって黒い色をしているのです。

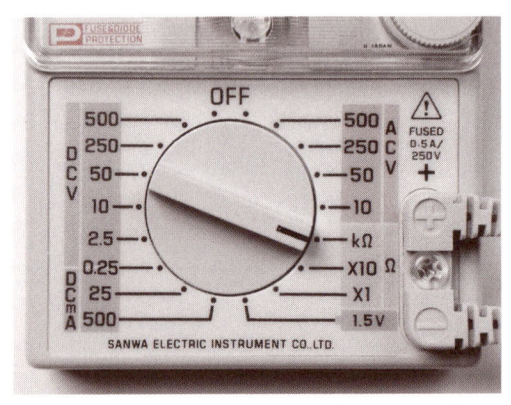

◆写真 3.2.4　ファンクション切り替えつまみを「×kΩ」にセットしなおす

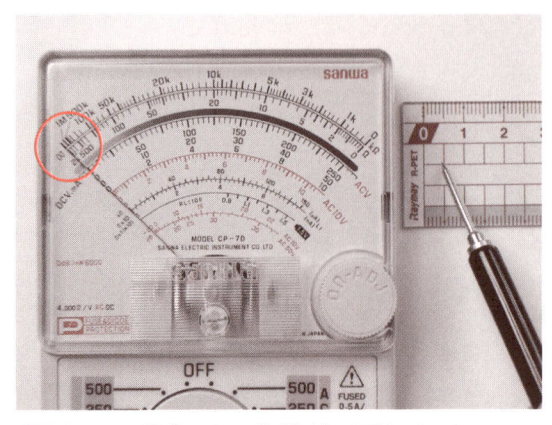

◆写真 3.2.5　目盛りは∞（無限大）を示している

◆表 3.2.1 著者が測った身の回りのものの抵抗値

測定したもの	レンジ	抵抗値
アルミ箔	×1Ω	0Ω
ステンレスのスプーン	×1Ω	0Ω
鉄なべ（銀色の部分）	×1Ω	0Ω
鉛筆（HB）の芯（両端間）	×1Ω	5Ω
ガラスのコップ	×kΩ	∞
プラスティックの定規	×kΩ	∞
紙	×kΩ	∞

測定器：CP-7D

COLUMN 「導通」と「絶縁」

　電気が流れる状態のことを「導通がある」、電気が流れない状態のことを「導通がない」ということは本文でも何度も説明しました。

　ただ一般的に、導通がない、という状態は、電気がまったく流れない、つまり断線や絶縁状態で電気抵抗が∞Ωの場合をいうのに対して、導通がある、という表現の場合は何ともあいまいです。これは導通をチェックする必要性を考えたとき、「流れを妨げる不良要因がなく電気がよく流れる状態かどうかをチェックしたい」ケースと、「電気が流れてはいけないところに電気を流してしまう要因がないかをチェックしたい」という2つのケースの場合では、それぞれが許容できる電気抵抗の範囲が大きく違うことに起因します。

　前者は測定対象の電気抵抗が限りなく0Ωに近いほどよいわけであって必ずしも厳密な0Ωではなくても許容できる場合があるのに対し、後者は厳密に∞Ωではないと困るわけですから、数100kΩや数MΩでも許容できない場合があるのです。つまり、前者は小さい抵抗値を測ろうというのが目的なのに対して、後者は大きな抵抗値を測りたいということになります。

　たとえば、デジタルマルチメーターPM3の導通チェック機能では、「約10Ω〜100Ω以下でブザーが鳴る」と説明されています。つまりPM3の導通チェック機能は、断線しているかどうかを調べる機能であって、絶縁が保たれているかどうかをチェックする機能ではないことがわかります。

3-3 液体は電気を通すのか

抵 抗

　液体の抵抗をテスターで測ってみましょう。測定対象の抵抗値の目星がつかないので、アナログテスターではレンジを最高レンジ（×kΩ）にセットしてはじめます。

　なお、リード棒の金属ピンを直接液体に浸すと、さびや化学変化の原因になるので、通常はアルミホイルや鉄くぎなどの金属（導体）材料を電極代わりに利用して、その電極にクリップで金属ピンを接触させて測ります。

　もしどうしてもピン先を液体に漬けて測るしか手がないときは、測定後にリード棒を水道水できれいに洗い流して、その後、しっかり水を拭き取っておきます。

　著者の測定結果が表3.3.1です。サラダ油は全く電気を通しません。油は一般的に絶縁体なのです。

　いっぽう、水はどれも少しだけ電気を通します。とくに食塩水はもっとも電気をよく通します。これは食塩に含まれるナトリウムと塩素が、＋（プラス）や－（マイナス）の電気を帯びた多数のイオンとなって水中に漂っていて、これが電

> **アドバイス**
> リード棒の金属ピンに浸した場合は、必ず水できれいに洗い流し、水をしっかり拭き取ってください。

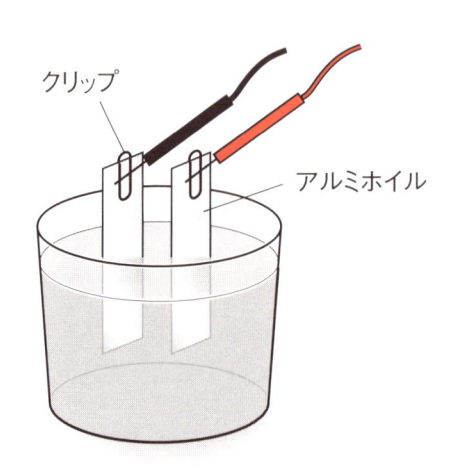

◆図3.3.1　液体を測定するときは電極を用意する

◆表 3.3.1　液体の抵抗値の観測結果

測定した液体	レンジ	抵抗値	測定した液体	レンジ	抵抗値
食塩水	×kΩ	12kΩ	砂糖水	×kΩ	45kΩ
食酢	×kΩ	15kΩ	水道水	×kΩ	60kΩ
台所洗剤	×kΩ	15kΩ	石けん水（水）	×kΩ	70kΩ
石けん水（湯）	×kΩ	20kΩ	サラダ油	×kΩ	∞

測定器：CP-7D
電極にはアルミホイル（幅10mm長さ50mm）を使用
注：石けん水は水とお湯とでは抵抗値が大きく違い、お湯のほうが抵抗値が低い。
　　お湯のほうが石けんがよく溶けているということです。

気を流す役目をするからです。

　石けん水も電気を通します。石けんの分子がイオンとなって水の中を漂っているからです。

COLUMN　イオンによる電気伝導

　本当に純粋な水は、ほとんど電気を通しません。しかし、私たちが使っている普通の水の中には、さまざまな物質が溶け込んでいます。その中には「イオン」の状態になっているものが多数あり、これが電気を通す原因になっています。

　「イオン」とは、原子や分子が＋（プラス）または－（マイナス）の電気を帯びているもので、水の中で自由に動くことができます。水の中に電極を入れて電圧をかけると、イオンが電極間で電気を運ぶ役目をします。だから電気が流れるのですね。

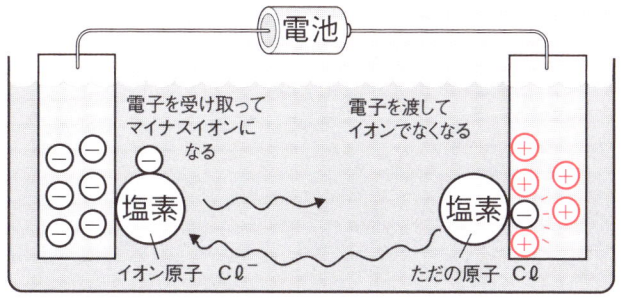

◆図 3.3.2　イオンは電気を運ぶ

第3章 身近なものを測ってみよう

3-4 電球のフィラメントの抵抗値の不思議

抵抗

■ 3-4-1 電球の抵抗の測り方

　身の回りにある電気機器の代表として、電球について抵抗を測ってみましょう。

　ここで注意してほしいことがあります。電球の抵抗の測定は、必ず器具から電球を外して測定しなければいけません。もし間違って電球に電圧がかかった状態でテスターを当てると、テスターを壊すだけでなく、感電したり、テスターが爆発して大けがをする可能性があります。電球に限らず電気機器の抵抗を測るときには、必ず器具からを外すかコードを抜いて、電気が流れないようにして測ります。

!! 注意
必ず器具から電球を取り外してから測定してください。

　それでは、写真3.4.1を参考にして、懐中電灯用の電球の抵抗を測定してみましょう。

　電球が電気をよく通すことは明らかですから、抵抗が小さいことはある程度予測がつきます。そこでアナログテスターは、レンジを最小レンジの×1Ωにセットして測定します。

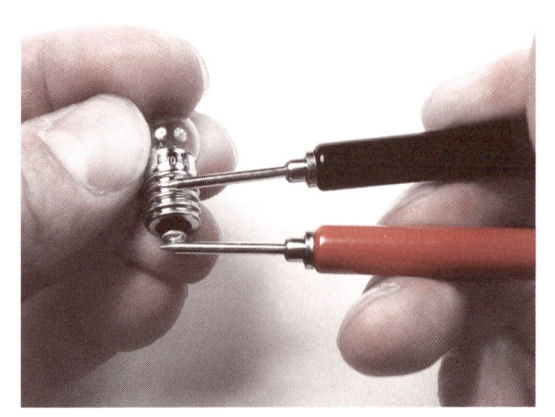

◆写真3.4.1　電球の抵抗の測り方

3-4 ◆ 電球のフィラメントの抵抗値の不思議

測定結果は、写真 3.4.2 のようになります。×１Ωレンジの１目盛り（1Ω）以下、おおよそ0.5〜0.6Ωあたりであることが読み取れます。もう少しはっきり読み取るために、デジタルマルチメーターで数値を読み取ると、0.4Ωでした（写真 3.4.3）。なお、テスターによる数値の違いは誤差の範囲です。

📎 **アドバイス**
デジタルマルチメーターのファンクション切り替えスイッチを「Ω」に合わせて測定します。

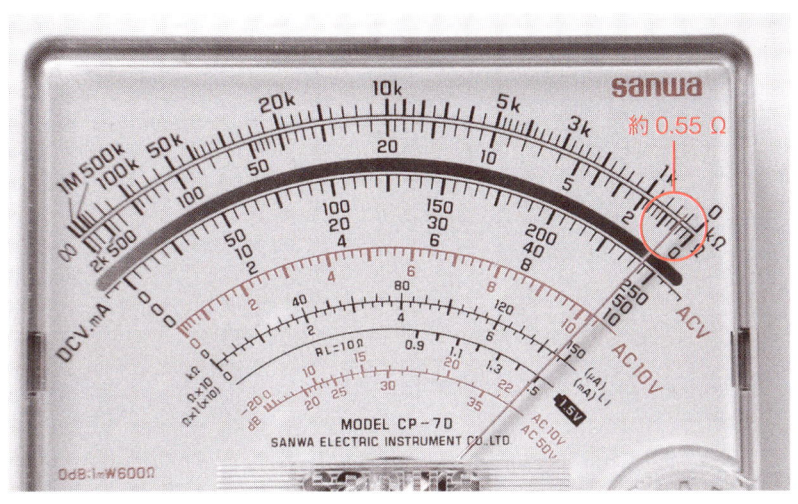

◆写真 3.4.2 懐中電灯用電球の抵抗はアナログテスターでは 1 Ω以下

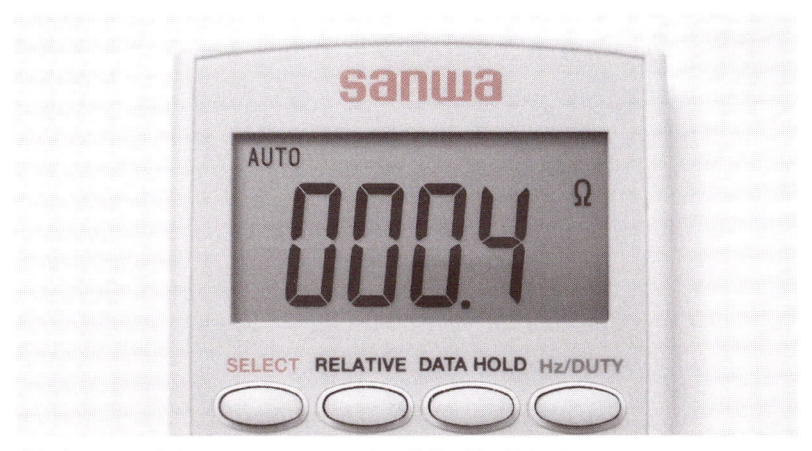

◆写真 3.4.3 デジタルマルチメーターなら数値で読み取れる

3-4-2 電球の定格と実測値が違うのはなぜ？

電球には**定格**と呼ばれる使用電圧と電流、または電力の値が表記されています。本書で測定した電球の定格は、写真3.4.4からわかるとおり、「2.5V　0.5A」となっています。

◆写真 3.4.4　電球に表示された定格値

この定格から、中学校で習うオームの法則を使って計算すると、電球の抵抗は以下のように求まります。

アドバイス
・オームの法則
　$R = E / I$

$$抵抗値[\Omega] = \frac{電圧[V]}{電流[A]} = \frac{2.5[V]}{0.5[A]} = 5[\Omega]$$

おや、何だか変です。テスターで測った測定値は 0.4 〜 0.6 Ω、いっぽう計算値が 5 Ωと、約 10 倍も違いますね。

じつは導体の抵抗は、導体の温度が上昇すると電気抵抗が大きくなる性質があります。とくに電球のフィラメントに使用されるタングステンという金属は、温度上昇による抵抗の増加がとくに大きい性質を持っています。そして定格で表される値は、電球の点灯時の値を示しているため、点灯状態の電球のフィラメントは非常に高温で、消灯時と比べて抵抗値が 10 倍にもなるというわけです。

興味のある人は、電球を割って、フィラメントをライターで熱して抵抗値の変化を観察してみるとよいでしょう。電球

3-4 ◆ 電球のフィラメントの抵抗値の不思議

を割るときは、そのままでは爆発時にガラスが飛び散って危険なので、厚手の雑巾でくるんで飛び散らないようにして割るようにします。

注意
やけどなどしないように注意して行ってください。

◆写真 3.4.5 電球のフィラメントは熱すると抵抗が大きくなる

COLUMN　オームの法則

導体を電気が流れるときの、電圧と電流、そして導体の抵抗の関係を式で表したものが**オームの法則**です。

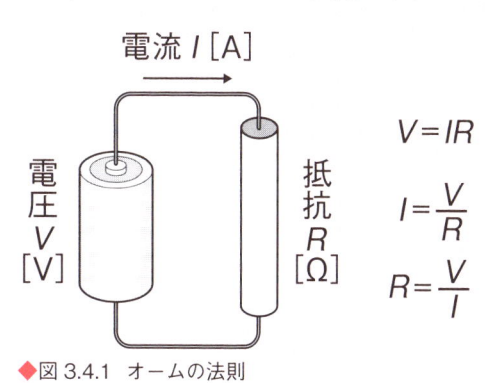

$$V = IR$$
$$I = \frac{V}{R}$$
$$R = \frac{V}{I}$$

◆図 3.4.1　オームの法則

第3章 身近なものを測ってみよう

家庭の照明で使う 100V 用の電球でも測定してみましょう。

40W（ワット）型電球（定格 AC110V 36W 電球）の実測抵抗値は約 27Ω を示しました。

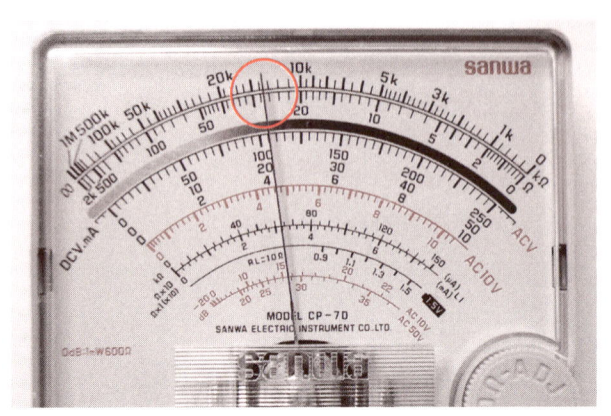

◆写真 3.4.6　家庭用 AC100V40W 型電球の抵抗値（×1Ω）

定格どおりで点灯しているときのフィラメントの抵抗値を計算してみましょう。

定格は 110V 36W ですから、流れる電流を計算すると、

$$電流[A] = \frac{電力[W]}{電圧[V]} = \frac{36[W]}{110[V]} = 0.327[A]$$

です。点灯時の抵抗はオームの法則から、

$$抵抗[\Omega] = \frac{電圧[V]}{電流[A]} = \frac{110[V]}{0.327[A]} = 336[\Omega]$$

という値になります。

つまりこの電球のフィラメントは、点灯していない状態で 27Ω、点灯状態では 336Ω と 10 倍以上も変化していることがわかりました。

COLUMN　電球のフィラメントの温度も計算できる

金属の電気抵抗は、温度が上がると抵抗値が高くなります（電流が流れにくくなる）。材料の性質としての電気抵抗は、単位長さあたりの抵抗率（単位［Ω m］）、という数値で表します。

温度 T_0［℃］で抵抗率が ρ_0［Ω m］であった物質が、

温度 T_1［℃］で抵抗率が ρ_1［Ω m］となる場合、

a［／℃］を**電気抵抗の温度係数**と呼び、近似的に次の式が成り立ちます。

$$\rho_1 = (1 + (T_1 - T_0) a) \rho_0$$

電球のフィラメントに使われるタングステンは、a が大きい、つまり温度による電気抵抗の変化が大きい金属です。タングステンの a を調べてみると約 5.3×10^{-3}［／℃］となっています。

ここで、上の式を、T_1 を求める式に変形します。

$$T_1 = T_0 + \frac{1}{\alpha}\left(\frac{\rho_1}{\rho_0} - 1\right)$$

抵抗率 ρ_0 と ρ_1 の比は、抵抗の比とほぼ等しいですから、テスターで測ったときの温度を 20℃ と仮定して代入すると、

$$T_1 = 20 + \frac{1}{5.3 \times 10^{-3}}\left(\frac{336}{27} - 1\right) = 2179$$

つまり、電球のフィラメントの温度は 2,179℃、という計算結果になります。とても高い温度で輝いているわけです。

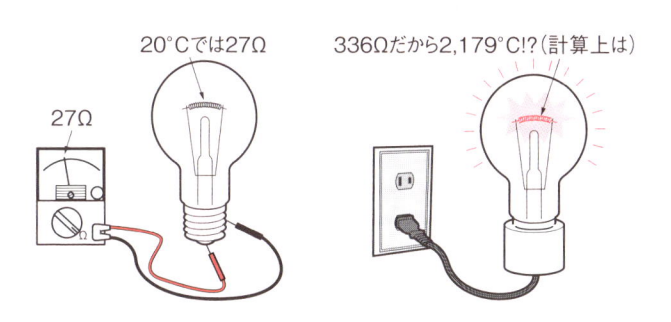

3-5 蛍光灯の抵抗を測る

抵 抗

　蛍光灯の電極間の抵抗測定をしてみましょう。前節の電球のフィラメントと何か違いはあるでしょうか。また、一般的な蛍光灯と、電球型蛍光灯では違いがあるでしょうか。

　抵抗の大きさの予測がつきませんが、電気を通すことだけは明らかですから（抵抗は小さいはず）、とりあえずアナログテスターでは、抵抗レンジを最小の×1Ωレンジにセットして測ってみます。

3-5-1 一般的な蛍光灯の場合

　まず従来型の一般的な蛍光灯を測ってみます。直管形でもサークル管形でも、どちらも4つの電極があります。

　実際に測ってみると、4つの電極のうち片方の2つの電極間は導通があります。著者の家の20W型の直管形蛍光灯では、導通のある電極間の抵抗は約5Ωでした。そして、ほかの電極間では、全く導通がありませんでした。

用語解説

・導通
　電気が流れる状態にあること。

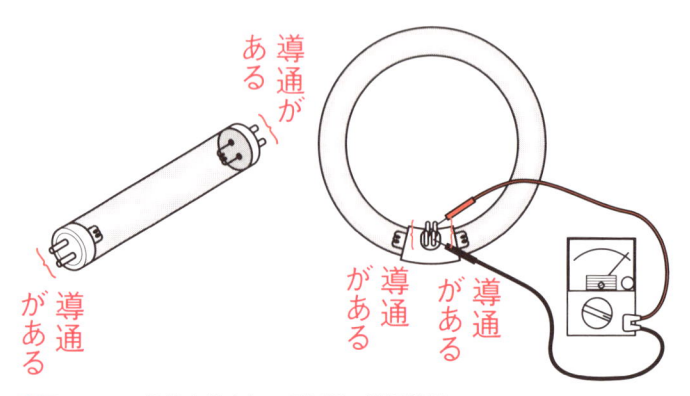

◆図 3.5.1　一般的な蛍光灯の電極間の導通状態

3-5 ◆ 蛍光灯の抵抗を測る

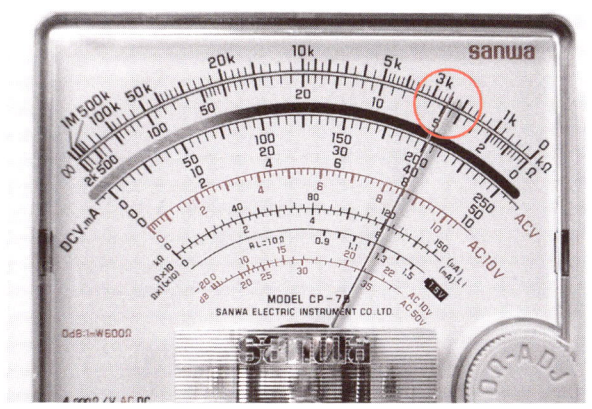

◆写真 3.5.1　20W 型直管形蛍光灯の片側電極の抵抗値（×1Ωレンジ）

　蛍光灯の構造は、図 3.5.2 のようにガラス管の両端にフィラメントがあります。ガラス管の中にはごくわずかな水銀蒸気（水銀が空気のように気体になった状態）が入っているほかは、ほぼ真空ですから、両端の電極間に導通がないのは当然です。

　なお、蛍光灯は内部に水銀蒸気が含まれていて有害ですから、絶対に割ってはいけません。取り扱いには十分注意してください。

> **注意**
> 蛍光灯は内部に水銀蒸気が含まれていて有害です。絶対に割らないようにしてください。

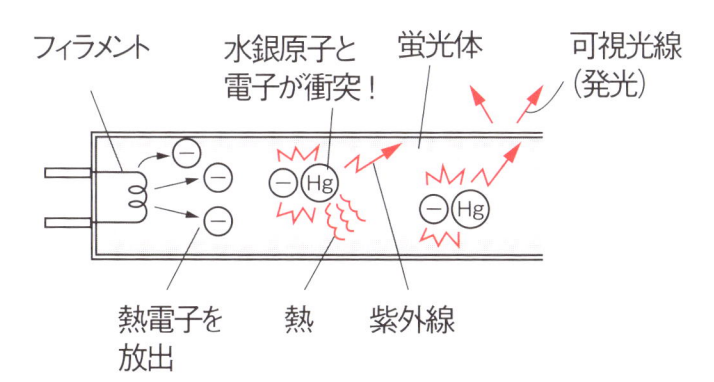

◆図 3.5.2　一般的な蛍光灯発光のしくみ

COLUMN　蛍光灯が光りはじめるには高電圧が必要

　蛍光灯は、単純に電気を供給しただけでは電流が流れず点灯しません。インバーター（または安定器と点灯管）を接続して、これらの作用で電極間に高い電圧を発生させ、蛍光灯内部に放電を開始させます。いったん放電がはじまれば、蛍光管内の水銀蒸気がプラズマとなって低い電圧でも放電できる状態を作りだすので、家庭の100Vでも点灯を続けるようになるのです。

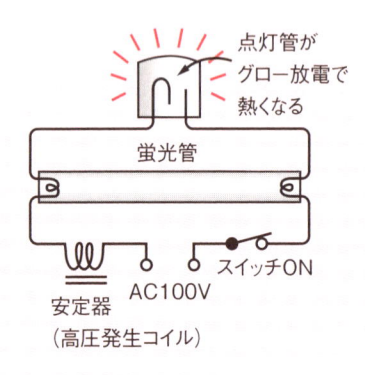

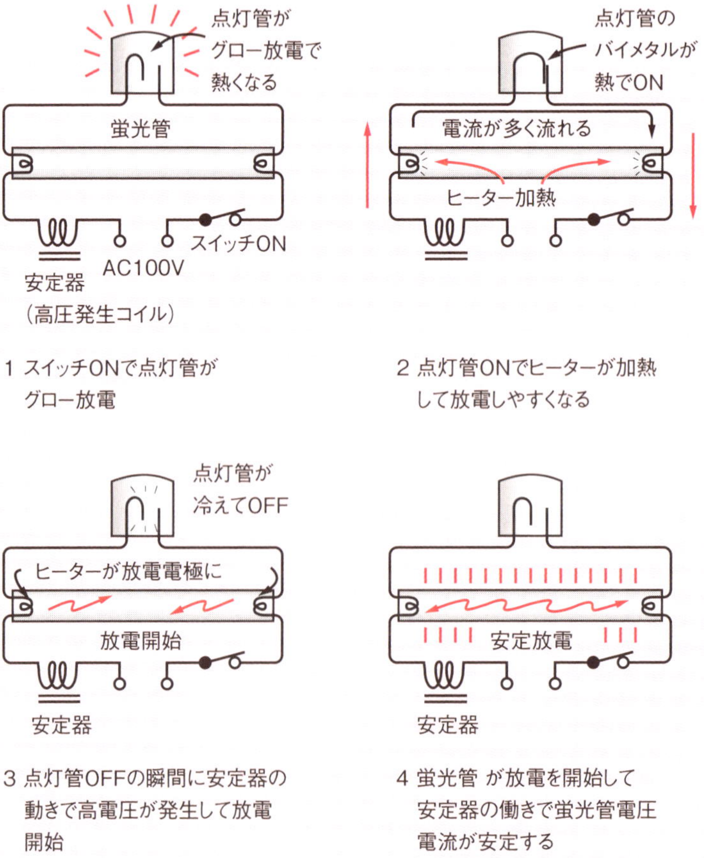

1　スイッチONで点灯管が
　　グロー放電

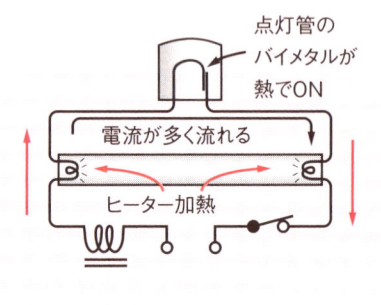

2　点灯管ONでヒーターが加熱
　　して放電しやすくなる

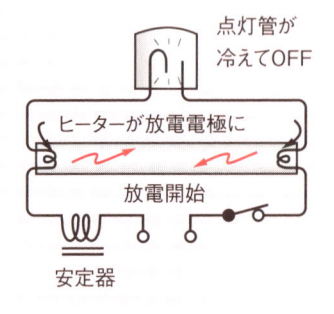

3　点灯管OFFの瞬間に安定器の
　　動きで高電圧が発生して放電
　　開始

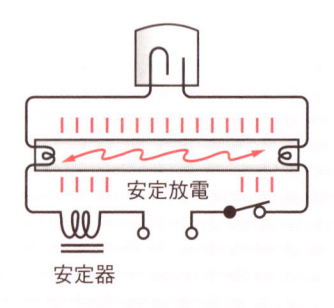

4　蛍光管が放電を開始して
　　安定器の働きで蛍光管電圧
　　電流が安定する

◆図 3.5.3　蛍光灯を点灯させるしくみ

3-5 ◆ 蛍光灯の抵抗を測る

■ 3-5-2 電球型蛍光灯の場合

　今度は、電球型蛍光灯（電球用のソケットに差して使える蛍光灯）の抵抗を測ってみましょう。著者の手元の 60W 型（右の「参考」参照）蛍光灯では、×kΩ レンジで、500kΩ 程度の抵抗値を示しました。

　電球型蛍光灯は、ソケット部分に「**インバーター**」と呼ばれる電子回路が入っていて、安定器や点灯管と同じ役割をしています。ですから、フィラメントと違って抵抗値が高く出るのです。

参考

・**60W 型**
　電球型蛍光灯の製品分類として用いられる 40W 型、60W 型、100W 型という表記は、白熱電球の同 W 型と同等の照度を持つことを意味します。60W 型の場合、実際の消費電力は 13W～15W 程度で、白熱電球に比べて 4 分の 1 の省エネとなります。

用語解説

・**インバーター**
　周波数と電圧を変換する装置。

・**安定器**
　蛍光灯の電圧・電流を制限して、放電を安定にするコイル。

・**点灯管**
　蛍光灯を点灯させるための器具。

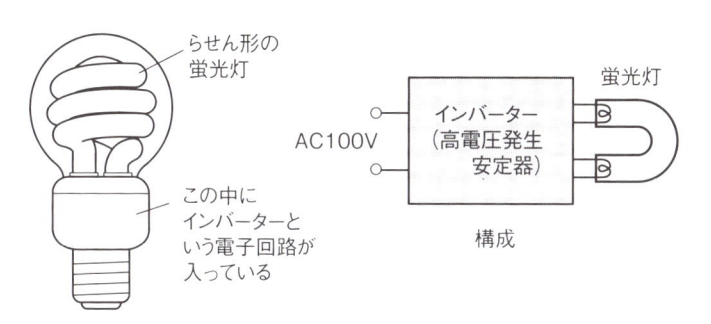

◆図 3.5.4　電球型蛍光灯の内部のようす

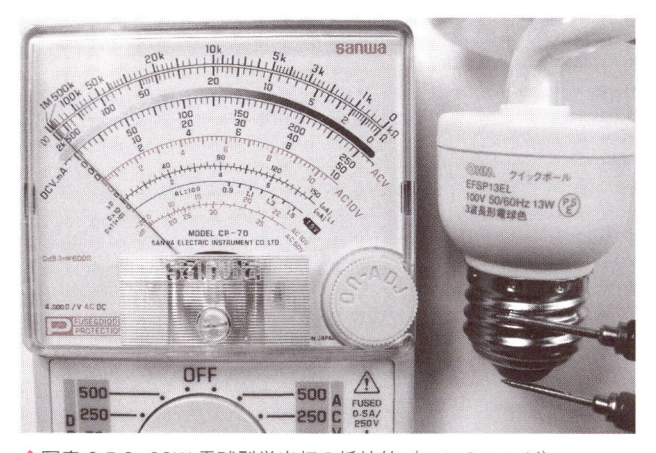

◆写真 3.5.2　60W 電球型蛍光灯の抵抗値（×kΩ レンジ）

第3章　身近なものを測ってみよう

3-6　電池(バッテリー)を測る　　直流電圧

■ 3-6-1 ｜ 電池の電圧を測る

　私たちの周りで最も身近な、乾電池やボタン電池の電圧を測ってみましょう。

　電池の電圧は直流ですから、直流電圧（DCV）測定機能を使用します。

　ボタン電池のなかのリチウム電池は 3V ですので、CP-7D では DC10V レンジにしますが、そのほかのボタン電池や単1〜単4の乾電池は 1.5V 程度ですから、CP-7D では DC2.5V レンジで測定します。

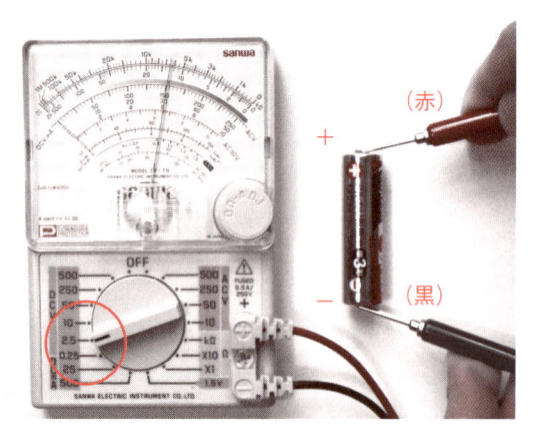

◆写真 3.6.1　よく使う乾電池の電圧は、DC2.5V の直流電圧レンジで測る

　CP-7D の場合、電池の電圧を測定する目的で、「 1.5V 」という表示の測定機能があります。これは、比較的大きな電流が流せる乾電池を、使用中に近い状態での電圧を測定する機能で、テスターの中の 10 Ωの抵抗に電池の電流を流しながら電圧を測定します。これは、電池がそれほど消耗していな

いのに、内部抵抗と呼ばれる電池内部の抵抗が大きくなっていると、流している電流が大きい場合に電圧が大きく下がってしまって使えない状態になってしまうことがあるため、それを調べるための機能です。

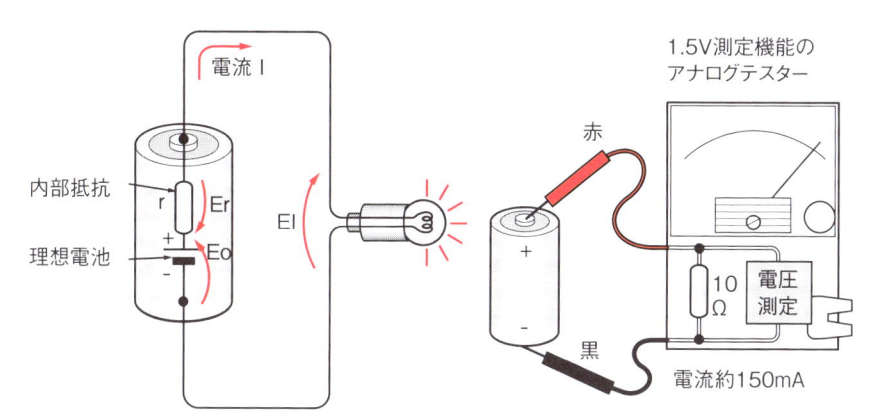

電流 I が大きいと、内部抵抗 r による電圧 Er も大きくなる
　　$Er = I \times r$
内部抵抗の電圧 Er が大きくなると、電球にかかる電圧 EI は小さくなる
　　$EI = Eo - Er$

◆図 3.6.1　電池の内部抵抗と 1.5V ファンクション

　モーターや電球を使っているなど、大きな電流を使用する機器に使用する乾電池は、この 1.5V ファンクションで測定すると、電池が使用できるかどうかをより正確に判断できます。

アドバイス
赤がプラス側、黒がマイナス側と区別する癖を付けておきましょう。

◆表 3.6.1　電池の種類とアナログテスター CP-7D の測定機能とレンジの選び方

電池の形	用途など	レンジ/ファンクション
単1〜単4乾電池 ニッケル水素電池	電流を多く使う機器に使う場合	1.5V
	電流の少ない機器に使う場合	DC2.5V
コイン（ボタン）電池	リチウム電池以外	DC2.5V
	リチウム電池	DC10V
006P型電池	全部	DC10V

1.5V ファンクションは、単1〜単4乾電池に適しています。
そのほかの電池に対しては電流が大きすぎて、うまく測れません。

第3章 身近なものを測ってみよう

では実際に測ってみましょう。電池の電圧を測るときには、赤のリード棒を電池のプラス極に、黒のリード棒を電池のマイナス極に押し当てて測ります。これが逆だと、指針が逆に振れてしまって測定できません。測定電池のプラスとマイナスは、電池に表示してあります。

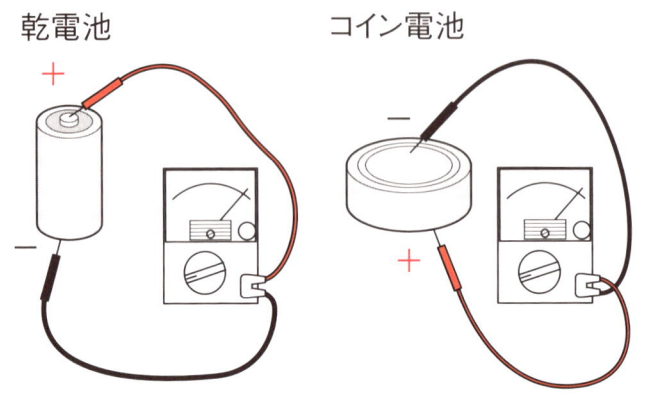

アドバイス
デジタルマルチメーターで測る場合は「DCV」にファンクションを合わせて行います。

アドバイス
赤のリード棒を電池の＋極に、黒のリード棒を－極に押し当てて測定します。

◆図 3.6.2 電池の極性とリード棒の極性を合わせる

アルカリ電池は 1.57V、ニッケル水素電池は 1.36V を示しました。

参照
・測定レンジと目盛りの読み方
→ p.197

◆写真 3.6.2 アルカリ電池の電圧測定結果（DC2.5V レンジ）

◆表 3.6.2　電池の種類と電圧の目安

名称	主な形状など	充電	公称電圧
マンガン電池	単1・単2・単3形	不可	1.5V
	006P	不可	9V
アルカリ・マンガン電池	単1・単2・単3形	不可	1.5V
ニッケル・カドミウム電池	単3・単4形	可	1.2V
ニッケル水素電池	単3・単4形	可	1.2V
アルカリ電池	コイン（ボタン）形	不可	1.5V
酸化銀電池	〃	不可	1.55V
空気亜鉛電池	〃	不可	1.4V
リチウム電池※	〃	不可	3V
鉛蓄電池	自動車用など	可	2V
リチウムイオン電池	携帯電話・パソコンなど	可	3.7V

※リチウム電池のなかにも種類があり、公称電圧3.6Vのものもあります

　電池にはさまざまな種類があり、種類ごとに電圧が異なっています。これは、電池のエネルギーを蓄えている化学物質の性質によって差があるからです。

　私たちの日常生活でよく使われる電池の種類と特徴を示したものが表3.6.2です。

　もっともよく使用される、単1・単2・単3乾電池と呼ばれている電池は、マンガン乾電池、もしくはアルカリ・マンガン乾電池です。

　充電式電池として、ニッケル水素電池が多く使われています。単3、単4形が多く商品化され、電圧は1.2Vとやや低めですが、マンガン電池、アルカリ・マンガン電池の代用として多く使われています。

　また、携帯電話やノートパソコン用には小型で大きなエネルギーを蓄えられるリチウムイオン電池が一般的です。

　マンガン電池やアルカリ・マンガン電池の公称電圧は1.5Vとなっていますが、新品のときは1.6Vくらいの電圧があり、使用するにつれて電圧が下がってきます。「**公称電圧**」とは、使用しているときはだいたいこの電圧ですよ、というような

アドバイス

1.5Vの乾電池の電池の消耗度を測る場合は、CP-7Dの 1.5V で測定します。コイン電池などの小さな電池や1.5Vを超えるものはDCVで測定してください。

ものので、実際には取り出している電流の大きさや、電池残量、温度によって変わってきます。

電池の電圧がどの程度下がるまで使えるかは、使用機器によって大きく異なっています。一般的には、モーターを回したり電球を光らせるなど、エネルギーを取り出す機器や、デジカメなどのデジタル機器は、比較的大きな電流を使うので電池の消耗が早く、電池残量が残っていても早く使えなくなる傾向があります。

いっぽう、時計やリモコンなどは、使用する電流がわずかなので、電池残量が少なくなっても使える場合が多くあります。ですから、電流を多く使う機器で使えなくなった電池でも、時計やリモコンなどではしばらく利用できる場合があり、再利用すれば経済的です。

そこで、ある機器で電池が切れて使えなくなったときには、電池を捨てる前に一度テスターで電圧を測って、動作しなくなった電圧をメモしておきましょう。ほかの機器で使えなくなった電池が出たときに、電圧がメモしておいた数値よりまだ高ければ、そちらの機器で再利用できる判断ができます。

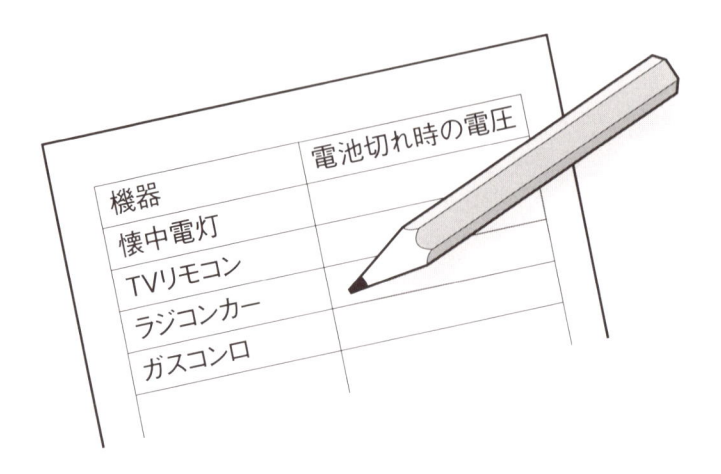

機器	電池切れ時の電圧
懐中電灯	
TVリモコン	
ラジコンカー	
ガスコンロ	

◆図3.6.3 機器ごとに電池が使えなくなったときの電圧をメモしておくとよい

また、機器が動かない場合、原因が電池電圧の低下にあるのか、ほかの要因なのかの判断もつけられます。

なおマンガン電池、アルカリ・マンガン電池以外の乾電池では、使用中の電圧は低下が少なく安定しています。これは、機器にとっては長く使えてよいことですが、残念ながらテスターで電圧を測って電池残量を判定するのが難しい、ということでもあります。

COLUMN　電池交換は全部一緒に取り換えましょう

　電池を2本以上使う場合は、種類が違ったり、メーカーが違ったり、また別々に使っていた電池残量の異なる電池を混ぜて使うことは避けてください。電池がなくなってくると、残量が少ないほうの電池が残量のある電池によって強制過放電（ひどいときは逆充電）され、電池内部にガスが発生して液漏れしたり爆発することがあるからです。

　また、充電式でない電池を充電すると、充電時に内部でガスが発生し、そのガスを逃がすための機能がないので、爆発したり液漏れしたりします。危険ですから、充電タイプでない電池に絶対に充電してはいけません。

◆写真3.6.3　種類や残量の違う電池を一緒に使うのは避ける

3-6-2 カーバッテリーの電圧を測る

■ カーバッテリーの電圧測定は慎重さが必要

　乗用車やオートバイに積まれているカーバッテリーは、1個2Vの充電式鉛蓄電池セルを6個直列にして、12Vにしたものです。

　アナログテスターで乗用車の動作状況によってカーバッテリーの電圧がどう変化するかを観察してみましょう。実験ではエンジンをかけたままの状態でバッテリー電圧を測定しますから、必ず運転免許を持った人が自動車の操作をするようにしましょう。

　なお、カーバッテリーは乾電池などに比べると電圧が高く、かつ大電流を流す能力がありますから、電極をショートさせてしまうと大変危険です。注意深く、短時間で測定を終わらせるようにしましょう。

> **参考**
> カーバッテリーの電圧は、以前は24Vのものもありましたが、今ではほとんど12Vです。

> **注意**
> テスターはエンジンの振動で落ちたりしない安定した場所に置きます。

■ エンジン始動時がバッテリーには最も過酷な状況

　測定の準備です。まだ車はキーを抜いた状態です。
（1）カーバッテリーの＋極には赤いカバーがついていますので、それを外します。－極はむき出しで、カバーがついていないのが普通です。
（2）テスターをDC50Vレンジに設定し、エンジンの振動を受けない、安定した場所に置きます。
（3）テスターの黒リード棒をバッテリーの－極に、赤リード棒を＋極に当てます。
　いよいよ測定です。
（4）最初に、車にキーを差していない状態での電圧を測定します。
（5）手伝ってもらう人にエンジンをかけてもらいます。セ

3-6 ◆ 電池(バッテリー)を測る

ルモーターが回り、いったん電圧が大きく下がりますので、そのときの電圧を素早く読み取ります。
（6）エンジンがかかってアイドリング状態になったら、そこでの電圧を読み取ります。

筆者の普通自動車では、表 3.6.3 のようになりました。キー OFF 時は確かに 12V 台の電圧ですが、エンジンスタート時は 9.8V まで下がっています。これは、セルモーターに 100A 以上もの大電流が流れ、カーバッテリーの内部抵抗で端子電圧が低下してしまうためなのです。カーバッテリーにとっては、エンジンスタート時に、とてもしんどい仕事が待ち受けているわけです。そして、アイドリング状態になると充電がはじまり、端子電圧は 14.2V にまで上昇しています。車の電装品は、このような電圧の変動によっても誤動作しない信頼性が必要です。

また、エンジンをかけない状態でキーを ACC 位置にして、電気系統のみを ON にしたときの電圧を、新旧 2 つのバッテリーで測定した結果が表 3.6.4 です。内部抵抗の増加で、電流を多く流すと電圧が下がることがわかります。

◆表 3.6.3　エンジン始動時の電圧測定結果例

エンジンの状態	電圧
キー OFF	12.5V
エンジンスタート時（セルモーター回転）	9.8V
エンジンアイドリング時（充電中）	14.2V

◆表 3.6.4　ACC 状態での測定結果例

(A) 軽自動車のバッテリー電圧（1年4カ月使用）

キー位置	前照灯	電圧
OFF	OFF	12.82V
ACC	OFF	12.68V
ACC	ON	12.13V

測定器：PM3

(B) 普通自動車のバッテリー電圧（3年3カ月使用）

キー位置	前照灯	電圧
OFF	OFF	12.51V
ACC	OFF	12.37V
ACC	ON	11.90V

測定器：PM3

アドバイス
バッテリー交換の目安は、充電能力の低下（充電してもすぐになくなる）が目安になります。内部抵抗の増加による電圧低下は、バッテリー交換の目安にはなりません。

参考
・ACC
アクセサリー電源と呼び、エンジンをかけない状態でカーアクセサリーに電源を供給する機能。

第3章 身近なものを測ってみよう

COLUMN　おもしろ電池の電圧を調べてみよう

　84ページで液体の抵抗を測りましたが、このとき、液体に漬ける電極の材質を、アルミホイルと銅箔（銅の棒でもよい）にして、直流電圧を測ってみると、電池のように電圧が発生するようすが観察できます。液体や電極の違いによってどのくらいの電圧が起きるかを調べてみましょう。また、下図のように、硬貨を使って電池を作ることもできます。

　ここで電池の電圧は、電極に使用する金属の種類によって決まります。金属は水溶液中で電子を放出して陽イオンになろうとする性質を持っています。そして、金属を電子を放出しやすい順に並べたものがイオン化傾向です。図のようにレモンや酢などイオンが移動しやすい溶液中（電解液という）に種類の異なる金属を入れると、イオン化傾向の大きい金属がプラス極に、小さい金属がマイナスの電極となって電池ができあがります。

　主な金属をイオン化傾向が大きなほうから順に並べると次のようになります。

　Li（リチウム）＞ Al（アルミニウム）＞ Mn（マンガン）＞ Zn（亜鉛）＞ Fe（鉄）＞ Ni（ニッケル）＞ Sn（スズ）＞ Pb（鉛）＞ H_2（水素）＞ Cu（銅）＞ Ag（銀）＞ Pt（白金）＞ Au（金）

　99ページ表3.6.1の市販の電池の電圧が微妙に違う理由も、この電極の材質の差にあるわけです。

◆図 3.6.4　おもしろ電池の一例

3-7 模型用モーターの発電力を測る

直流電圧

　模型用の小型モーターに豆電球をつないで、モーターを手で回してみると電球が光ることは知られています。模型用モーターは立派な発電機になるのです。

　このモーターでどのくらいの発電力があるのか測ってみましょう。実験にはマブチの FA-130（標準電圧 DC1.5V）を組み込んだ、タミヤのシングルギヤボックス（4速タイプ）を使いました。

3-7-1 模型用モーターは直流発電機

　FA-130 は、1.5V の乾電池で回りますから、逆も真なりで、発電力も直流の 1.5V くらいではないかとあたりをつけます。

　そこで、テスターのファンクション切り替えつまみを**直流電圧（DCV）**にセット（アナログテスターならレンジをDC2.5V にセット）して、測定してみます。

　クリップリードを使用してモーターの2つの電極に接続し、空いている手でギヤボックスの出力軸を回します（写真3.7.1）。

> **アドバイス**
> モーターを回すと発電機になります。では実際に発電するか試してみましょう。

◆写真 3.7.1　クリップリードを使用してモーターの電極と接続して測る

第3章 身近なものを測ってみよう

どうですか？　勢いよく回すと、1V近くまで振れますね。もしテスターの針が反対に振れるようなら、モーターを反対に回してみてください。

直流測定で針が振れることから、このモーターでは直流が発生していることがわかります。そして当然ですが、回転が逆になると発生する電圧も逆になります。

COLUMN　モーターの発電

電車はモーターの動力で走るわけですが、東京のJR山手線などでは、電車の減速時に車両の運動エネルギーを電気エネルギーに逆変換して架線に戻し、ほかの列車の走行エネルギーに利用しています。このように、動力となるモーターで、運動エネルギーを電気エネルギーに逆変換して電源に戻すことを**電力回生**といいます。

普及してきた自動車のハイブリッドカーは、エンジンとモーターの併用で走ります。ブレーキをかけるときにはモーターを発電機にして電力回生を行い、電気エネルギーを電池に蓄え、加速するときに再利用しています。

最近見かけるようになってきた風力発電機も、モーターと構造は同じです。

3-8 充電器やACアダプターを測る

直流電圧

　小型の電子機器の多くには、充電器やACアダプターが付属しています。これらは、家庭用の交流100V電気を、充電や機器の動作に必要な直流電圧に変換するための電源装置です。身の回りの電源装置が何ボルトを出力しているか調べてみましょう。

3-8-1 充電器の出力電圧を測る

　携帯音楽プレーヤー、携帯ゲーム機、携帯電話など、携帯して使用するポータブル機器がたくさんあります。これらは大抵、内蔵の充電式電池に充電するための充電器が付属しています。これらの充電器の充電電圧を調べてみましょう。

　残念ながら大半の充電器は、機器本体と充電器がコネクターで接続するようになっていて、電極にテスターのリード棒を当てることができませんが、充電器がスタンド式になっているものなら、充電用の接点が露出していて測れます。

　筆者の所有しているPHSの充電用スタンド内の接点の電圧をテスターで測定してみました。

　充電器の説明書には電圧が5.3Vと表示されているので、**直流電圧（DCV）**のレンジはDC10Vレンジにして測定します。

　スタンド内の接点の極性がわからないので、適当にリード棒を当ててみて、正しく振れる極性を見つけて測ります。

　充電器は表示の5.3Vに非常に近い、5.45Vを示しました。

　充電器にセットしても充電ができなくなったとき、充電器の故障か、そうでないのかは、この電圧を測定すればわかりますね。

第**3**章　身近なものを測ってみよう

◆写真 3.8.1　充電器の接点にリード棒のピン先を当てて電圧を測る

COLUMN　**リチウム電池に電極が3つある理由**

　携帯電話のリチウムイオン電池パックには、大抵＋と－の間に3つ目の電極が備わっています。じつはこの3つ目の端子は、充電時に電池が異常に発熱したときに充電を止めるためのセンサー出力を取り出す端子なのです。

　携帯電話のリチウムイオン電池は、安全に充電できる温度範囲（普通0～45℃程度）が決められています。それを監視するためにサーミスターという温度センサーが電池パックに内蔵されているというわけです。電池をショートさせないように注意深く、真中のセンサー電極と－電極の間の抵抗値を測定すると、約 10 kΩ ありました。発熱すると、この抵抗値が変化して、それを充電器側で検出して充電を止めるような制御になっているのです。

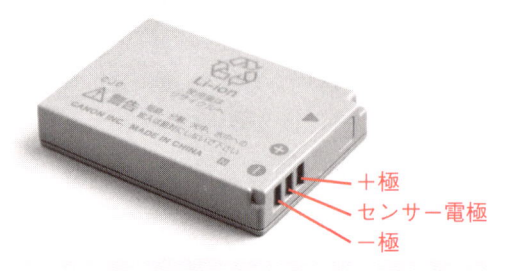

◆写真 3.8.2　携帯電話の電池とデジカメの電池

3-8-2 ACアダプターの出力電圧を測る

同じように、デジカメの充電器の電圧も測ってみましょう。

今度はACアダプターの電圧を測ってみましょう。ノートパソコンやプリンターの故障で持ち込まれるケースでは、ACアダプターの故障が意外に多いと聞きます。ACアダプターは消耗部品ですから、機器の電源が入らないときには、はじめに疑って電圧が正しく出ているかを調べましょう。

電圧はACアダプターのコネクターで測ります。コネクターの多くは、外側の金属部がマイナスで、中の金属部がプラスです（センタープラスの場合）。しかし、まれに極性が逆のものもあります。ACアダプターの出力電圧や端子の極性は、アダプターに表記されているのでそれを参考にしてテスターのレンジをセットして測定します。

> **アドバイス**
>
> ACアダプターには、センタープラスとセンターマイナスのものがあります。例えばセンタープラスであれば、
>
> ⊖─◉─⊕
>
> と表記されています。

◆写真 3.8.3 ACアダプターに表示されている出力電圧とコネクターの極性

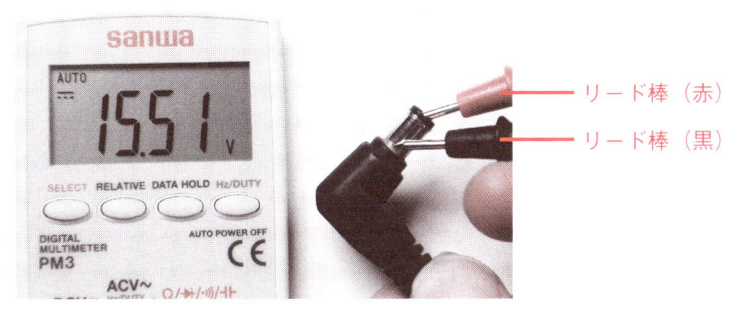

◆写真 3.8.4 ACアダプターの電圧測定

リード棒（赤）
リード棒（黒）

3-9 コンセントの電圧とアース 交流電圧

　家庭でもっともポピュラーな電源は、何といってもコンセントですね。ここには交流が来ています。

　さて、コンセントに来ている電圧は何Vか知っていますか？

　「100Vだよ、当たり前だよ！」という声が聞こえてきそう。では、本当にそうかどうか確かめました？　実際に測ってみましょう。

　なお、読者の危険を避けるために、最初に答えを明かしてしまいますが、最近の家庭のコンセントの電圧は、100Vだけでなく、200Vもあります。エアコンやIHクッキングヒーターなどのように、小型でパワーを必要とする機器のために、200Vのコンセントを設置する家庭が増えています。

　コンセントに来ている電圧が100Vなのか200Vなのかはコンセントの差し込み穴の形を見るとわかります（図3.9.1）。

単相100Vの場合

- 15[A]用
- 20[A]用
- 15、20[A]兼用

単相200Vの場合

- 15[A]用
- 15、20[A]兼用

◆図3.9.1　電圧によってコンセントの差し込み穴の形が違う

3-9 ◆ コンセントの電圧とアース

3-9-1 一般的なコンセントの電圧を測る

　ここでは一般的な 100V 用コンセントの電圧を測ってみます。ファンクション切り替えつまみを**交流電圧（ACV）**にセットします。

　アナログテスターでは AC250V レンジなどの AC100V を超えるレンジにセットします。

　ここで、大切な注意点があります。63 ページでも触れましたが、家庭の交流電圧を測るときには、テスターのファンクションの設定を、**絶対に電流（mA、A）や抵抗（Ω）にしてはいけません**。くれぐれも間違えないようにしてください。気づかずに間違ったファンクション設定で測定してしまうと、火花が出たりテスターが爆発したり、感電したり、そしてそれに驚いてひっくり返って、頭を強く打つなど、さまざまな災害例があります。つまみが交流電圧にセットされていることをよく確認したうえで測定してください。

　また、当然のことですが、電源に体が触れると感電して危険です。リード棒は金属ピンから離れた場所を持つなど、慎

> **注意**
> ファンクションの設定を絶対に「DCmA」や「Ω」にしないでください。

> **注意**
> リード棒の金属ピンに体（手や指）が触れないように注意してください。

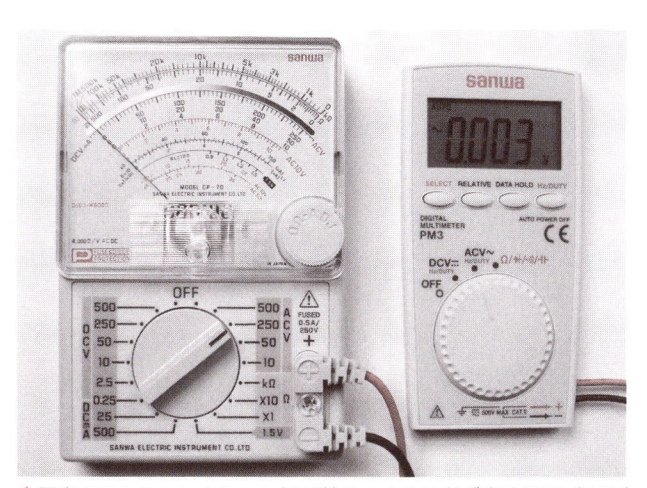

◆写真 3.9.1 ファンクション切り替えつまみは必ず交流電圧（ACV）にセットする

重に作業してください。そして、濡れた床や水気の多い場所での測定は避けましょう。

なお、交流電圧を測るときには、リード棒の赤黒は関係ありませんが、115 ページの図 3.9.2 で説明しているように、家庭用の電源には接地側と非接地側の区別があります。安全を期すためにはそれを意識しながら作業したいので、接地側に黒のリード棒をさす癖をつけるとよいでしょう。

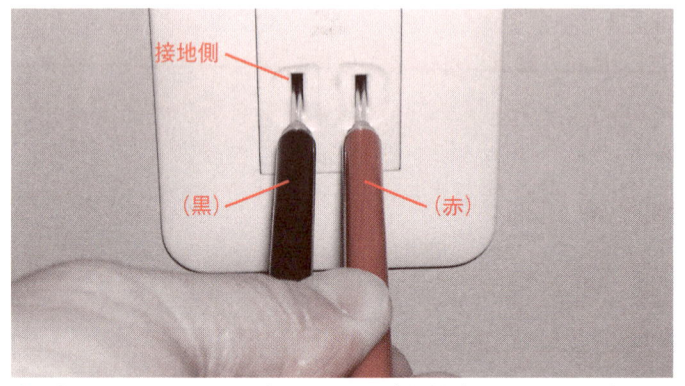

> **注意**
> 濡れた床や水気の多い場所での測定は避けてください。

> **アドバイス**
> 接地側に黒のリード棒を当てます。

◆写真 3.9.2　コンセントの穴の長いほう（接地側）に黒のリード棒を当てる

COLUMN　交流電圧を直流電圧で測ったらどうなるの？

コンセントの交流電圧をアナログテスターの「直流」250V（DCV250）レンジで測ってみましょう。

どうですか？　針がほとんど振れないはずです。理由はわかりますか？　交流は電圧が常にプラスとマイナスに入れ替わっています。これを単純に平均化したら、零になってしまいます。直流レンジでは、この平均化した電圧を測っていることになるので、針は振れないわけです。

アナログテスターのメーターや、デジタルマルチメーターの計測部は、直流を測定するようになっています。ですから、そのままでは交流は測れません。交流電圧レンジでは、交流を直流に変換する回路を組み合わせて測定しています。

3-9 ◆ コンセントの電圧とアース

　著者の家での電圧は102Vを示しました。しかし、しばらく測っていると100Vから103Vの間で多少ふらついています。これは、発電所から家庭までの間の変圧器や電線の抵抗（専門的にはインピーダンス）の作用で、家の中の電気の使用量が増えると電圧が下がってしまうためです。夕方や、夏場ではエアコンの使用が増える昼間の午後に電圧が下がりやすくなります。

　なお電力会社は、法律上101V±6V、つまり95V～107Vを供給するよう定められています。意外に広い幅があるのです。

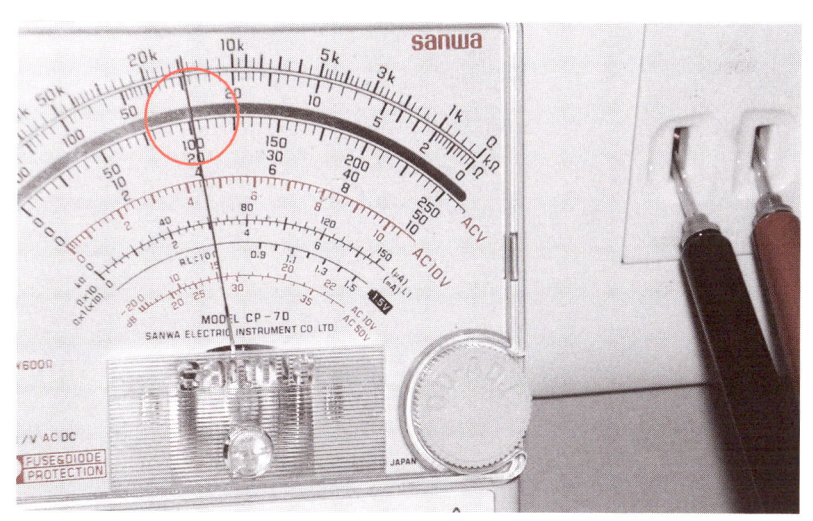

◆写真3.9.3 わが家のコンセント電圧（AC250Vレンジ）

　ところで、コンセントには、114ページ写真3.9.4のような穴や端子の付いているものがあります。これは「接地（アース）」のための電極あるいは端子です。「接地極」「接地端子」などともいいます。この部分の電極は、文字どおり地面（大地）につながっていて、電気機器から漏れ出してきた電気や電磁ノイズを地面に逃がすための端子です（図3.9.2参照）。

第3章 身近なものを測ってみよう

接地側電極

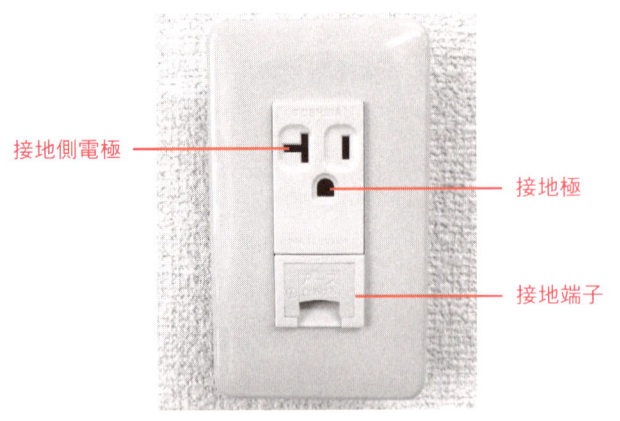

接地極

接地端子

◆写真 3.9.4　接地極や接地端子が付いたコンセント

　たとえば水を扱う洗濯機や高圧を扱う電子レンジなど、感電の危険性があるものには、人が触れる外箱に接地線をつないで、万一機器内部の電気が外箱に流れても、それを大地に逃がして人体に流れないようにするのが接地です。エアコンやウォシュレットなども接地が義務づけられている機器です。

　また、感電防止の目的だけでなく、最近では、パソコンやプラズマディスプレイなど、電子機器の内部で発生する電磁ノイズを大地に逃がして周囲にまき散らさないようにする目的でも接地は使われます。

　さて、コンセントに来ているのは交流ですからプラス・マイナスの極性はありません。しかしそのコンセントにも、じつは別の意味での極性があります。

　110ページの図3.9.1で、100V用のコンセントの差し込み穴が、左右で長さが違っていることに気付いたはずです。これはコンセントに来ている電気の極性を表していて、長いほうの穴の電極を接地側電極、短いほうの穴の電極を非接地側電極といって区別しているからなのです。

　試しに写真3.9.4の接地端子（接地極）とコンセントのそ

3-9 ◆ コンセントの電圧とアース

れぞれの差し込み穴の間の電圧を測定してみてください。長い穴（接地側）ではほぼ０V、短い穴（非接地側）ではほぼ100Vが測定されるはずです。つまり、コンセントの穴の長いほうは、大地（接地端子）と同じ電圧になっているのです。これは、電力会社の電柱から家庭に電気を引き込むところで、コンセントの片側にあたる電線が大地に接地されているためです（図3.9.2参照）。だからといってコンセントの接地側と接地極（端子）を直接つなぐことはとても危険ですから止めましょう。

参照 →図3.9.1

　一般の家庭に供給されている電気は、電柱まで6,600Vで送られてきて、そこから変圧器（トランス）で100Vあるいは200Vに変圧して家庭に引き込まれています。この6,600Vの高圧が何かの事故で家庭の100Vに混じってしまうと大変危険です。変圧器はこのようなことがないように注意して作られていますが、万一そのようなことが起こった場合にも安全を保つため、引き込み線の片側をトランス内から接地することが法律で義務づけられています。家庭内の配線では、この接地側電線と非接地側電線が入れ替わらないように接地側には白線を使い、コンセントや照明器具の端子の極性表示に従って工事が行われています。

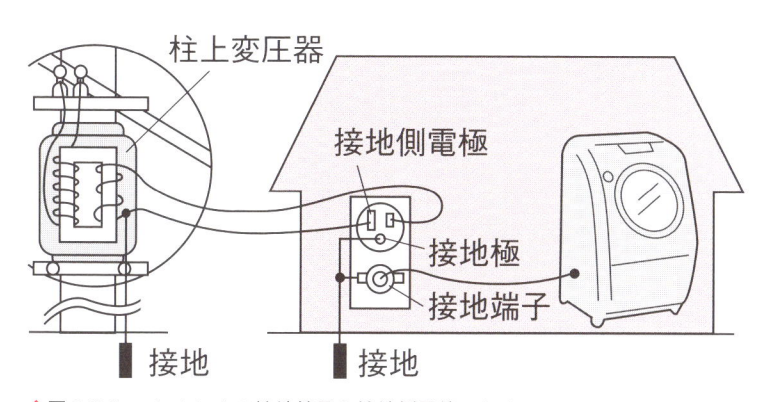

◆図3.9.2　コンセントの接地端子と接地側電線のしくみ

COLUMN　家庭用のコンセントに100Vと200Vがあるしくみ

　発電所で作られる電気は、自転車のダイナモ発電機と同じような構造をしていて、水流や蒸気圧でタービンを回し、その力でコイルの中で電磁石を回転させて電気を起こします。このとき1つのコイルだと回転の角度によって発電しない動作が生まれるため、120度ずつ角度を変えた3つのコイルを配置して、効率よく電気を起こしています。発電された3系統の電気は**三相交流**と呼ばれ、送電効率がよいことから、3本の送電線で家の近くの電柱まで送られてきます。そして電柱に設置された変圧器で、下図のように**単相3線式**100V/200Vに変えられ、そのままか、または**単相2線式**100Vとして家庭の分電盤に引き込まれます。

　単相3線式100V/200Vでは、中性線と呼ばれる接地側電線を利用して100Vの電圧を取り出し、中性線以外の2線から200Vを取り出します。

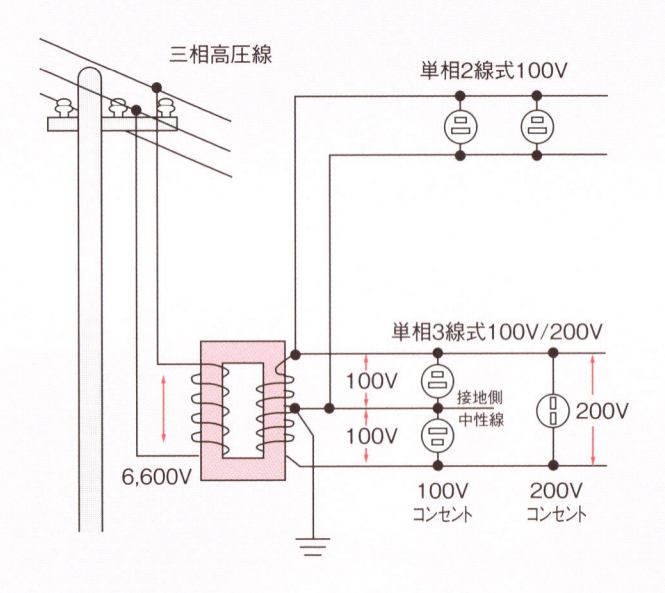

◆図 3.9.3　三相交流を家庭に引き込む2つの方法

3-10 自転車の発電機を測る　交流電圧

　自転車のライト用の発電機はもっとも身近な発電機です。

　ここでは、自転車のライトの発電機につながれた線を外して、電極部分の電圧を測ってみました。

　交流電圧（ACV） 10Vレンジにして力強く車輪を回すと6V以上まで指針が振れました。直流（DC）10Vレンジではメーターは全く振れません。このことから、自転車の発電機は、交流を発生することがわかりました（手回し式の非常用発電機も交流です）。

　タイヤフレームに装着するダイナモ発電機も、車軸に組み込まれているハブダイナモも発電原理は同じです。

　なお、この測定では電圧が急激に変化するので、デジタルマルチメーターでは測定レンジの自動切り替えや測定周期が間に合わなくて、うまく測定できません。アナログテスターで観察してください。

> **アドバイス**
> 交流電圧（ACV）にして測ります。

> **アドバイス**
> 車軸に組み込まれているハブダイナモも同じダイナモ発電機です。

> **アドバイス**
> 写真のようにミノムシクリップ（クリップアダプター）を利用するとよいでしょう。

◆写真 3.10.1　自転車の電球へ行く線を外して発電機の電圧を測定する

3-11 模型用モーターに流れる電流を測る　直流電流

105ページで使った模型用モーターFA-130を使って、モーター回路に流れる電流を観測してみます。

モーターにかかる負担（力）が変えられるように、タミヤのシングルギヤボックス（4速タイプ）も使います（ギヤ付きモーターとしてFA-130とセットで売られています）。ギヤは114.7：1で組み立ててみました。

> 参照
> ・電流は直列で測る
> → p.60

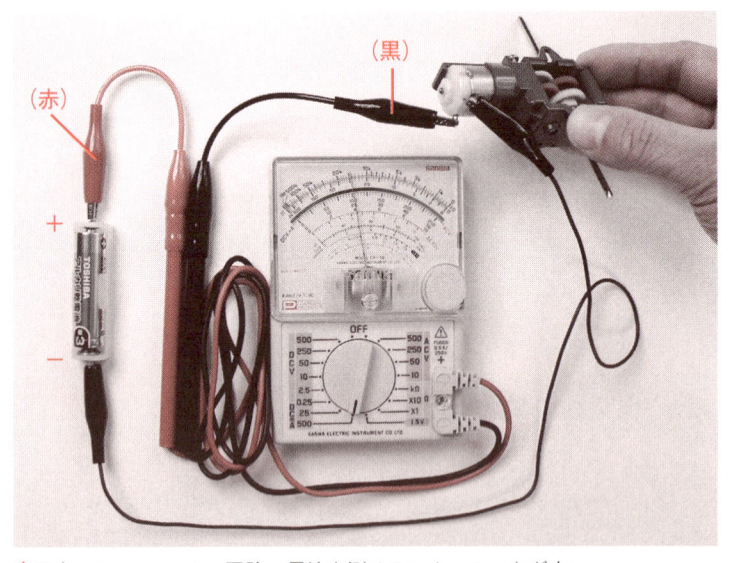

◆写真3.11.1 モーター回路の電流を測るテスターのつなぎ方

回路の電源は乾電池ですから、測定するのは**直流電流（DCmA）**です。アナログテスターではレンジを最大レンジのDC500mAにセットします。

電流測定は、本書の64ページに書いたように、使い方を間違えると事故を起こしますので、十分注意してください。今回は1.5Vの電池の回路で用いますので、間違えても保護

> アドバイス
> 「PM3」には、電流測定のファンクションは付いていません。

3-11 ◆ 模型用モーターに流れる電流を測る

ヒューズが切れるだけで、事故には至りません。

写真 3.11.1 のように、電池とテスターとモーターを直列につなぎ、電池ボックスのスイッチを入れます。

何もしないでモーターが回っているときの電流は、200mA くらいです。

ここで、ギヤの出力軸（ゆっくり回っている軸）を手でつまんでみます。回転が遅くなると電流が増えますね。私の実験では 300mA くらいになりました。

これは、手で押さえた力に逆らってモーターが力（エネルギー）を多く出したため、使う電気エネルギーが増えて電流が増えたのです。このモーターは直流モーターですので、流れる電流と出す力（トルク）は、ほぼ比例する、という関係があります。このようにモーターでは軸の動きによって電流も変化し、オームの法則を単純に当てはめることはできません。

📎 アドバイス

電流を測るときは直列につなぎます。

📖 参照

・測定レンジと目盛りの読み方
→ p.197

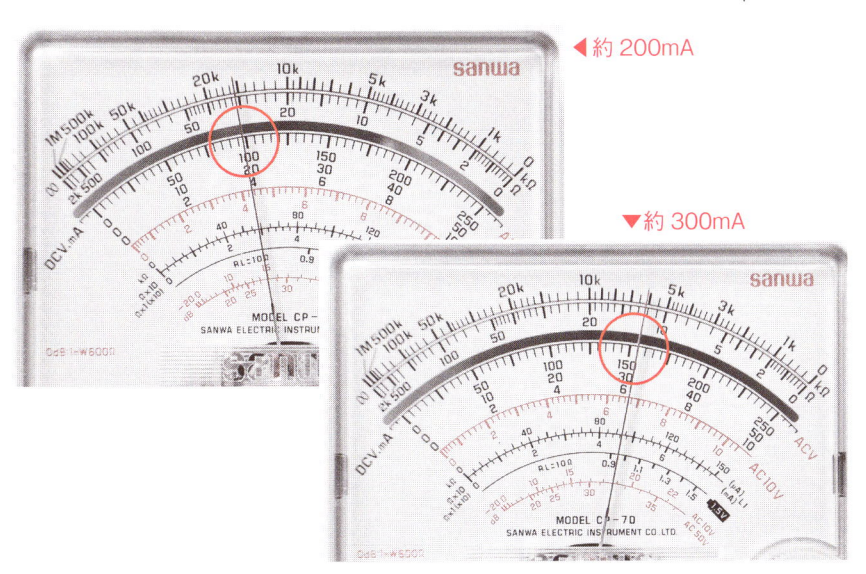

◀ 約 200mA

▼ 約 300mA

◆写真 3.11.2 自然に回転させているとき（上）と軸をつまんだとき（下）の回路電流
（DC500mA レンジ）

第3章 身近なものを測ってみよう

COLUMN 交流電圧と直流電圧

電源には、大きく分けて交流と直流があります。

電池は電圧の向きが変化しない「**直流**」を発生します。携帯機器の充電器などもほとんどが直流電圧を出力します。

いっぽう、電球や蛍光灯を点灯させるコンセントの 100V は「**交流**」です。静岡県の富士川と、富山県の糸魚川を結ぶ線を境に、東側では 1 秒間に 50 回、西側では 60 回の周期で、プラスとマイナスが入れ替わっています。どうして東西で違うのかといえば、明治時代に東京がドイツの 50Hz の発電機を、大阪がアメリカの 60Hz の発電機を導入し、それぞれの規格が異なっていたのが今も残ってしまっているのです。

交流の電圧を時間を横軸にして、電圧の変化を縦軸にしたグラフで表すと下図のように描けます。このグラフの各部の呼び名が決まっていて、テスターで表示される電圧値は「**実効値**」と呼ばれます。これは、図のようなきれいな波では、ピーク電圧の $0.707(1/\sqrt{2})$ 倍の値になります。

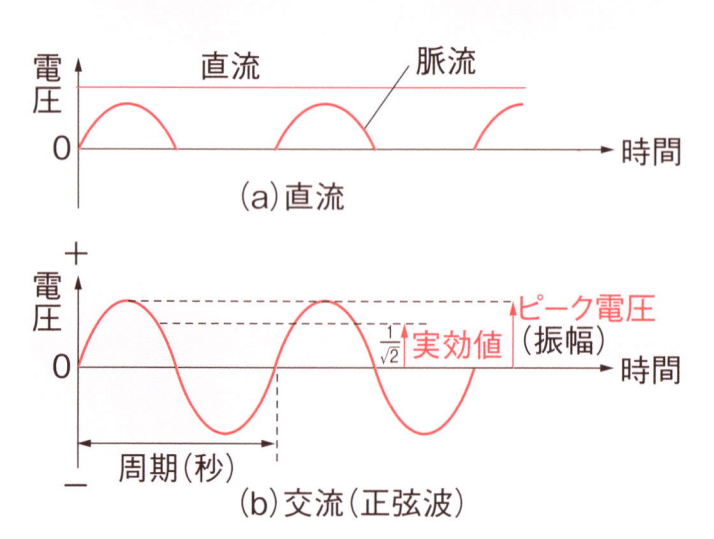

◆図 3.11.1 交流電圧の各部の呼び名

第4章

簡単にできる故障診断

　テスターを購入した人の多くは、電気製品の簡単な故障なら、自分で修理できたらうれしいとお考えのはずです。ただ、複雑な電子機器の内部が故障した場合は、詳細な回路図や設計資料がないと故障箇所の特定すらできず、結局は販売店を通じてメーカーに修理を依頼するしかない場合が多いものです。しかし、電線の断線や接触不良など、故障箇所がわかれば何とか直せるものもあります。

　ここでは、日常使用する電気製品で起こりがちな故障を取り上げ、修理が可能なものについてはその方法を紹介します。

　とはいえ修理が不完全で、それが原因で事故が起こってはいけません。注意点をよく理解し、自分の責任で行ってください。

第4章 簡単にできる故障診断

4-1 安易に電気製品の中を開けてはいけません

　すでにおわかりのとおり、電気は扱い方を間違えるとたいへん危険なものです。ですから、**家庭の配電や照明器具、電気機器の中をうかつに触れることは絶対にやってはいけません**。そのことを十分頭に置いたうえで、本章をお読みください。

4-1-1 製品の蓋を開けたら自己責任

　まず、電気製品や電子機器の説明書を読むと、利用者が製品の蓋を開けてしまった場合は、その製品は保証の対象外とみなすと書かれています。つまり、電気や回路の十分な知識がない人は、絶対に中を開けようとしてはいけないのです。

　本書でも、テスターで製品の中を調べることは扱いません。しかし、安全さえ十分確認すれば、中を開けなくても簡単にできる故障診断もあります。そのようなものを本章で紹介します。また、乾電池で動くおもちゃなら、それほど危険はありませんから、テスターを存分に活用できます。

◆写真 4.1.1　電子機器の故障診断は、電気と回路の知識がないと難しい

4-2 電源コードの断線チェック

電気トラブルの原因の中で、意外に多いのがコードの断線です。コードの断線診断は、テスターの得意中の得意、簡単にできますのでぜひマスターしてください。

著者の家では、ヘアードライヤーでコードの断線がありました。

断線部分は、写真で示すとおり、電源コードがコンセントプラグから出てすぐのところでした。ドライヤーは手で持っていろいろ動かすので、写真の部分がもっとも多く曲げられる部分です。

◆写真 4.2.1 ヘアードライヤーの電源コードの断線を調べよう

電源コードの断線は、完全に切れて導通がなくなるケースはまれで、電線の引っ張り具合や曲げ具合によって断線部分が接触したりしなかったりするのが特徴です。

このような電源コードの断線の場所を調べるには、アナログテスターなら**抵抗測定機能**を、デジタルマルチメーターなら**導通チェック機能**を使います。

> **アドバイス**
> 電源コードの断線を調べるには抵抗測定機能（アナログテスター）、導通チェック機能（デジタルマルチメーター）を使います。

第4章 簡単にできる故障診断

■ 4-2-1 | アナログテスターでの断線の調べ方

（1）コンセントから抜いた状態で、ドライヤーのスイッチを入れます。とくに、スイッチを温風が出る位置にすると、ヒーター回路がオンになるので、診断しやすくなります。

> **アドバイス**
> コンセントから抜いた状態で行います。

◆写真 4.2.2 電源コードを抜いて、ドライヤーのスイッチをオンにする

（2）テスターのファンクション切り替えつまみを**抵抗（Ω）**に、レンジを**×1Ω**にセットして、コンセントプラグの2極間の抵抗を測ります。

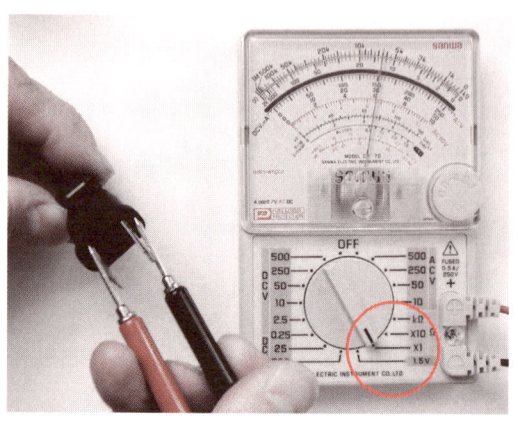

◆写真 4.2.3 抵抗の最小レンジでプラグ間の抵抗を測る

4-2 ◆ 電源コードの断線チェック

（3）コードが断線していれば、テスターの指針は振れない（∞Ω）か、振れたり振れなかったり不安定な状態になります。

　そこで指針の振れを見ながら、電源コードを動かしてみます。さらに曲げてみたりまっすぐにしてみたりしてみます。

　指針が振れたり振れなかったり変化するときに、動かしている部分が断線部分です。その部分を手で曲げてみると、中の線が切れているぶん容易に曲がるので、断線していることがわかることが多いです。

アドバイス

コードの断線を調べるときは、中くらいあるいは最小の抵抗レンジで測定します。

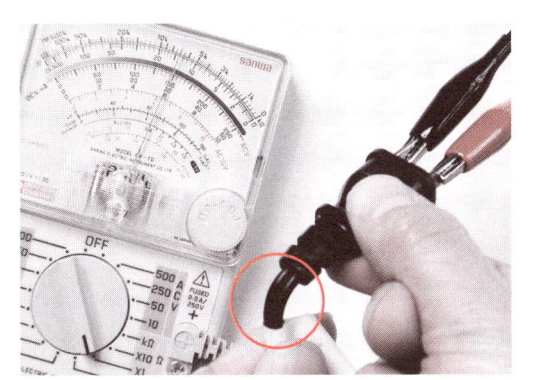

◆写真 4.2.4　指針が振れたり振れなかったりする場所が断線箇所

COLUMN **コードが外れやすくされている電気製品がある**

　電気を流す金属製の導線のことを「電線」と呼びます。電線には導線がむき出しの裸電線と、ビニールなどの絶縁被覆で導線を覆った絶縁電線があります。また、絶縁電線をさらに被覆で覆って、絶縁度や物理的強度、化学的耐性を上げたものがケーブルです。

　電線やケーブルは建物に固定して施設するのが原則ですが、小型電気機器に電源を供給する目的で、移動して使う電線が「コード」です。

　ポットや炊飯器など、コードを体にひっかけて機器を倒してしまうと火傷などの危険がある機器の場合は、コードは機器に磁石で装着して、容易に外れるように安全が図られています。

第4章 簡単にできる故障診断

■ 4-2-2 デジタルマルチメーターでの断線の調べ方

　デジタルマルチメーターの導通チェック機能を使ってみましょう。PM3の場合は、ファンクション切り替えつまみを**抵抗（Ω）**にセットします。セレクトスイッチを何度か押して、ディスプレイに導通チェックのマーク（•))）を表示させます。

　あとはアナログテスターの場合と同じです。導通があれば電子ブザーが鳴ってわかります（そのとき抵抗値も表示されます）。

> **アドバイス**
> 「PM3」のセレクトスイッチを押し、「ブザー」を表示させます。

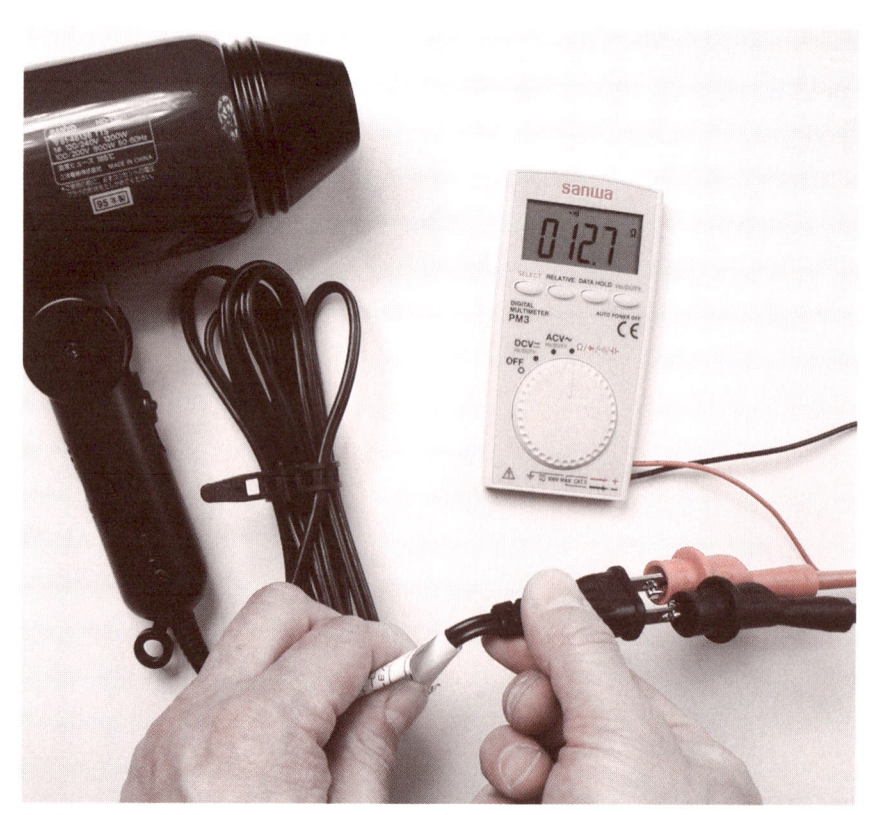

◆写真 4.2.5　抵抗測定でセレクトスイッチを押して、導通チェックのアイコンを表示させて測定すると、導通があればブザーが鳴って、同時に抵抗値が表示される

4-2-3 コードの断線箇所は接続器でつなぐ

　電源コードの断線箇所がプラグの近くなら、断線部分の手前で電源コードを切ってしまい、今までのプラグの代わりに市販のプラグを取り付ければOKです。

　また、長いコードの途中で断線しているときは、断線部分の前後でコードをカットして、切断部分に市販のコード接続器（コードコネクター）を取り付けます。

　コードの電線同士を直接つなぐことは法律で禁止されているので、このように必ずコード接続器を使って補修しなければいけません。

　なお、コード接続器の取り付けは、慎重にしっかりと行ってください。電線の屑が内部に入ってショートしたりしないようにするのはもちろんのこと、ねじが緩んでいてもそこから発熱して火災の原因になります。

　しかし怖がることはありません。しっかりと取り付けたプラグは事故を起こすことはありません。私も30年も前から自分でこの作業を何度もやっていますが、30年間使用しているものも含めて問題を起こしたことは1度もありません。きちんとやれば大丈夫です。

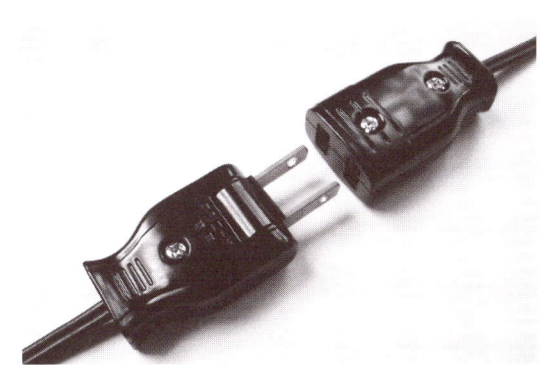

◆写真 4.2.6　コードの接続にはコード接続器を必ず使うこと

第4章 簡単にできる故障診断

4-3 乾電池で動作する機器の診断

　おもちゃやポータブル機器など、乾電池で動くものは、以下のようなチェックポイントから診断していくのがセオリーです。

(1) 電池の接触不良がないかをチェックする

　まずは電池の接点の接触不良を疑いましょう。電池と接している接点が錆びて電気が流れにくくなっていることがよくあります。電池の接触不良を確認する一番簡単な方法は、電池を差したまま指で電池を転がしてみることです。接点がこすられて接触状態が変わり、とりあえずこれで動作するようになることも多いものです。もし電池の接触不良がトラブルの原因なら、接点の錆びをやすりできれいに磨き落とし、さらに錆び止めに機械油を塗っておきます。なお、機械油はプラスチックを変質させてしまうので、ほかのところに垂れないように注意が必要です。

◆写真 4.3.1　目に見える錆はなくても、電極の酸化で接触が悪くなっていることもある。指で電池を転がしてみる

（2）電池の残量を確認する

電池の接触不良のような場合でも、電池の電圧は必ずチェックしましょう。接点の接触不良が原因の1つとはいえ、同時に電池の消耗で電圧低下が起きていることが多いものです。電池の電圧が低下していると、そこに接点の接触不良によるわずかな電圧降下が加算されて動作しなくなっていることが多いのです。

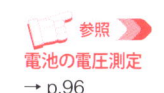

当然ですが、電池の電圧が低くなっているようでしたら、新しいものと取り替えましょう。

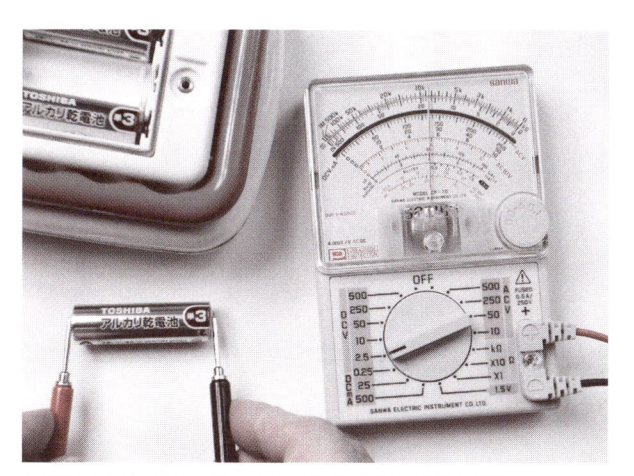

> **参照**
> 電池の電圧測定
> → p.96

> **アドバイス**
> リード棒の「赤」を電池の「＋」に、「黒」を「－」に当てます。

◆写真 4.3.2　どんな場合もまず電池の電圧確認は必要

（3）スイッチの接触不良を疑ってみる

電池を使用している機器が、電池の電圧が十分にあるのに動作しない場合に次に疑うのは、スイッチの接触不良です。

スイッチ接点の接触不良は、簡単なものであれば自分で修理を試みてもよいかもしれません。ただし、かえって壊してしまう可能性もありますから、あくまで自己責任で行いましょう。

第4章 簡単にできる故障診断

とくに子供のおもちゃの場合、スイッチの構造が単純なものが多く、接点部にゴミが入って接触不良になりやすかったり、そこにつながっているコードが切れてしまうことがちょくちょくあります。このような場合、テスターの抵抗測定あるいは導通チェック機能でスイッチの電極間やコードの導通を調べることで不具合箇所が発見できます。なお、このとき電池を抜いてから測定することを忘れないでください。

スイッチが接触不良を起こしている場合は、単純な構造のものなら接点を磨いて錆び止めの機械油を塗って対処します。また、スイッチごと取り替えてしまう方法もあります。

スイッチを交換する場合には、スイッチの耐圧と動作タイプを確かめて、回路に適したものと交換します。

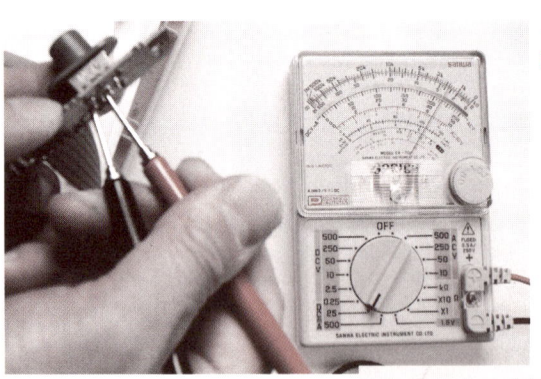

◀スイッチをOFFにして、端子間で電流を測る

▶電池ボックスの端子電圧を測る

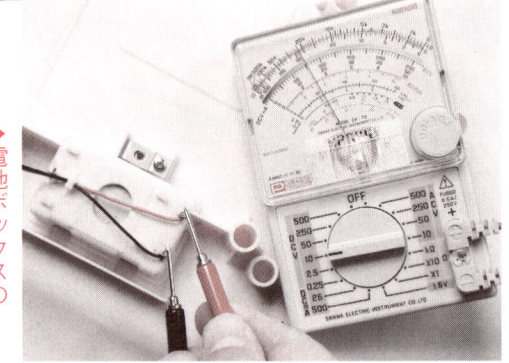

◆写真4.3.3 スイッチの電流と電池ボックスの電圧を測る

4-4 オーディオ機器を診断する

オーディオ機器をテスターで調べてみましょう。

4-4-1 ヘッドフォンの抵抗を調べる

高級なヘッドフォンを買ったのに、小さい音しか出ない。こんなときにはヘッドフォンの抵抗値を測定してみましょう。

一般にオーディオ機器のヘッドフォン端子は、数十Ωの抵抗を持つヘッドフォンをさして使うことを前提に設計されています。しかし、古いヘッドフォンや高級なヘッドフォンには、抵抗が数百Ωもあるものが多いのです。ヘッドフォンから出る音のパワーは、抵抗値に反比例しますから、小さな音でしか鳴らないときはまず抵抗値を確認することです。

ステレオヘッドフォンのプラグは、写真4.4.1のように絶縁体で挟まれた3つの電極からなっています。

回路図では図4.4.1のようになります。右か左、どちらかのユニットの抵抗を測ってみましょう。

> **アドバイス**
> 「×kΩ」にレンジを合わせてまず測定します。指針が振れなければ「×10Ω」にして測定します。デジタルマルチメーターでは、ファンクションを「Ω」に合わせてください。

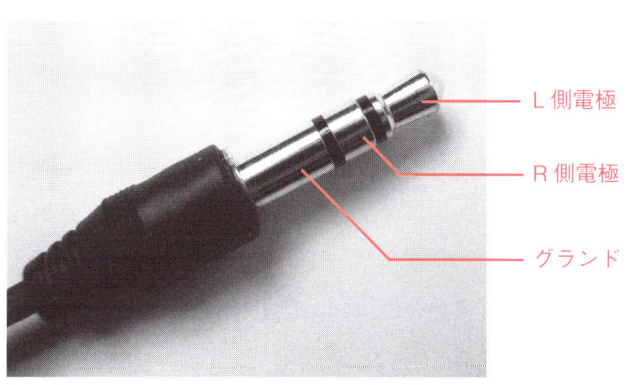

◆写真4.4.1　ステレオヘッドフォンのプラグ
- L側電極
- R側電極
- グランド

第4章 簡単にできる故障診断

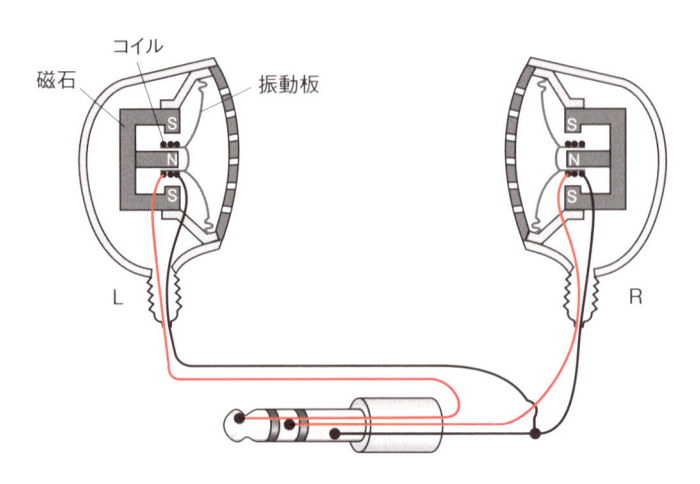

図4.4.1 ステレオヘッドフォンの回路図

　私の手持ちのヘッドフォンでは、アナログテスターでは約23 Ω、デジタルマルチメーターでは22.8 Ωを示しました。

　0.2 Ωの違いは十分測定誤差の範囲内ですが、精度の高いデジタルマルチメーターの示す値がより真の値に近いと考えられます。

　なお、全く音が出ないときには、抵抗値を調べてコードやユニットが断線していないかをチェックします。

■ 4-4-2 スピーカーの極性を調べる

　ヘッドフォンを耳に当てた状態でテスターで抵抗を測ってみてください。リード棒の金属ピンをプラグに当てた瞬間に、カチッとか、ガサガサ、といった音が聞こえるはずです。アナログテスターだとけっこう大きな音が出るので、びっくりしないようにしてください。テスターから電圧がかかってユニットから音が出たのです。

　これを利用してスピーカーの極性がチェックできます。

4-4 ◆ オーディオ機器を診断する

　スピーカーの端子は、赤がプラス、黒がマイナスと決まっていますが、海外の製品の中にはこれが逆のものがあるのです。たとえばフロントとリヤで組み合わせて使う場合などで、極性が逆で音を鳴らすと、音圧が反転して不思議な違和感を感じてしまいます。

参照
テスターの極性
→ p.76

　アナログテスターの×1Ωなどの低い抵抗レンジで、黒のリード棒側をスピーカーの赤端子に、赤のリード棒側をスピーカーの黒端子につないだとき、スピーカーの振動板が前方にせり出たら正常です。逆に後方に引っ込むようなら極性が逆になっています。なお、デジタルマルチメーターの抵抗測定機能では、流す電流が小さくてこのテストはできません。

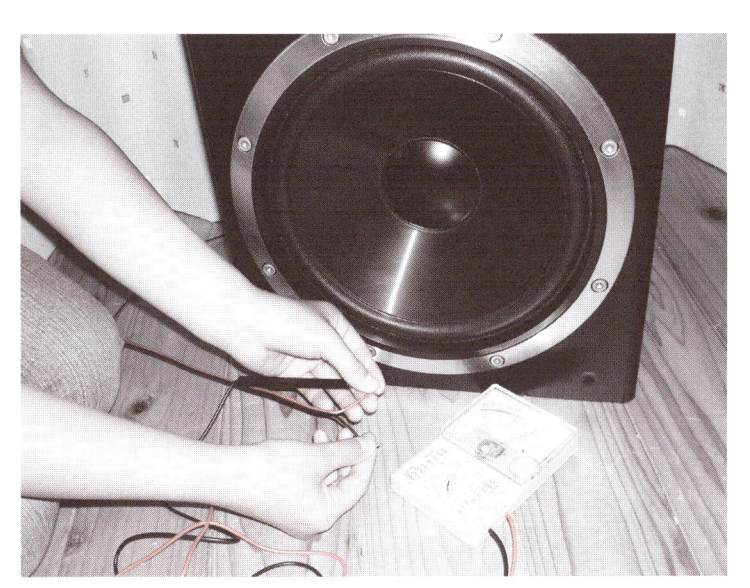

◆写真 4.4.2　抵抗測定機能でスピーカーの極性を調べる

第4章 簡単にできる故障診断

第5章

電子部品の特性を調べる

　テスターは電子部品の電気特性のチェックにも活躍します。代表的な電子部品の性質と、テスターでどのように測定し、どう判断したらよいのかを解説します。

第5章 電子部品の特性を調べる

5-1 抵抗器

　まず最初に、電子回路で一番基本的な素子である、抵抗器の特性を測ってみます。

　抵抗器は、回路の電圧を分割して希望の電圧を取り出したり、電流を分流する目的に使われる素子です。その特性は、もちろん抵抗です。

　抵抗器の抵抗値は、数字で表示されているものや、**カラーコード**と呼ぶ色の帯で表示されているもの、そして工業製品に使われるチップ部品では3桁または4桁の数字で表示されているものなどがあります。

　とくに電子工作に使う抵抗器では、カラーコードで値が表示されているものがほとんどですから、まずはカラーコードの読み方を覚えなくてはいけません。

> **アドバイス**
> 抵抗器を測る際、リード棒の金属ピンに手が触れないようにしてください。
> 抵抗器には極性はないので、赤、黒のリード棒がどちらになってもかまいません。

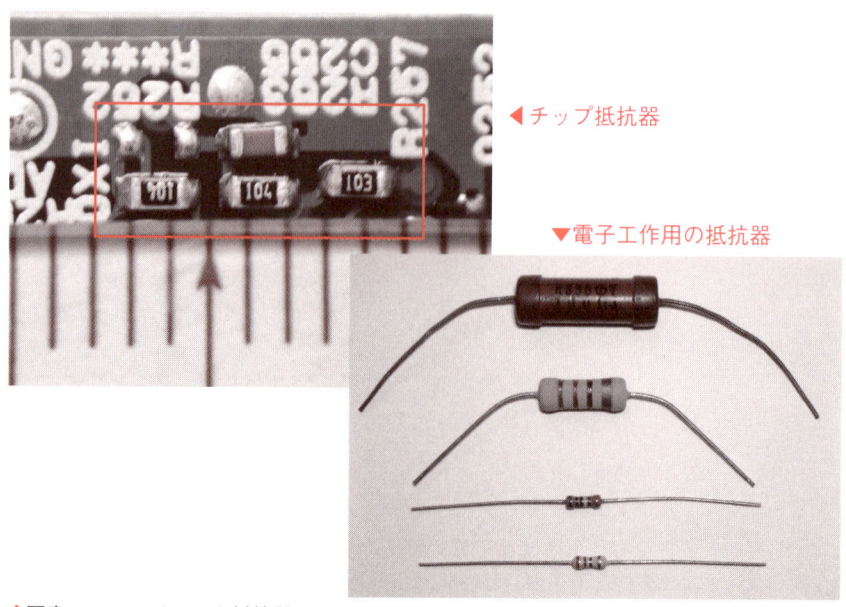

◀チップ抵抗器

▼電子工作用の抵抗器

◆写真5.1.1　いろいろな抵抗器

手元にある抵抗器のカラーコード値と、実測値を比べてみます。

まず、カラーコード表示には帯が4本のものと5本のものがあります。5本のほうが誤差が少なく高精度な抵抗器です。表5.1.1のカラーコード表を参照しながら読むのが決まりです。また、どちらから読んでよいのかわかりにくいときは、誤差を表す帯の色（帯が4本のときは金か銀、5本のときは茶か赤）を目安に、その帯の反対側から順に読み取ります。

> **アドバイス**
> 例えば帯の色が「赤、赤、茶、金」であれば、220Ωとわかります。

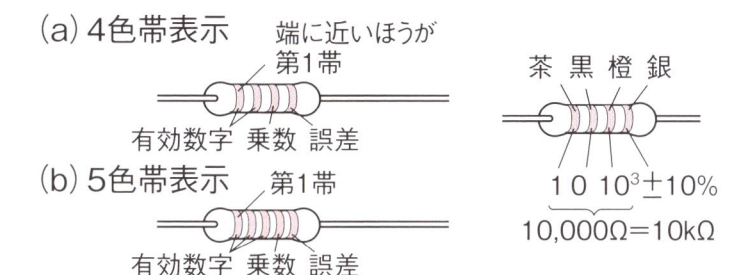

(a) 4色帯表示　端に近いほうが第1帯
有効数字　乗数　誤差

(b) 5色帯表示　第1帯
有効数字　乗数　誤差

茶 黒 橙 銀
1　0　10^3 ±10%
10,000Ω＝10kΩ

◆図5.1.1　抵抗器のカラーコードの読み方

◆表5.1.1　カラーコード表

色	語呂合わせ	数値	乗数	誤差
黒	黒い礼服	0	10^0	—
茶	お茶を一杯	1	10^1	±1%
赤	赤いにんじん	2	10^2	±2%
橙	第三者	3	10^3	—
黄	リボンの騎士	4	10^4	—
緑	嬰児（みどりご）	5	10^5	—
青	青二才のろくでなし	6	10^6	—
紫	紫式（七）部	7	10^7	—
灰	ハイヤー	8	10^8	—
白	ホワイトクリスマス	9	10^9	—
金	—	—	10^{-1}	±5%
銀	—	c	10^{-2}	±10%
無色	—	—	—	±20%

第5章 電子部品の特性を調べる

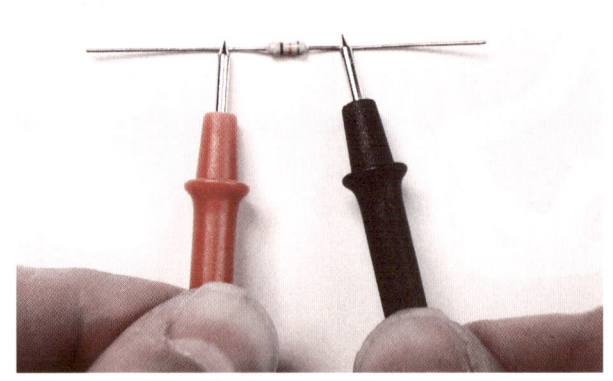

◆写真 5.1.2 抵抗測定のようす

> **アドバイス**
> 図のように抵抗器のリードにリード棒の先を押し当てて測定します。

> **アドバイス**
> リード棒の金属ピンや抵抗のリード線に触ると測定誤差になるので注意しましょう。

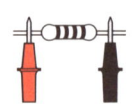

実際に、黄紫橙金のカラーコードの抵抗を用意して測定してみました。

カラーコードからは 47 kΩ ± 5%となり、この抵抗器は 49.35kΩ 〜 44.65kΩ の間の抵抗値を持つことが読み取れます。

実測値はアナログテスターで 48kΩ、デジタルマルチメーターで 46.4kΩ を示しました。規格どおりですね。

> **アドバイス**
> アナログテスターの目盛りの読み方を付録に解説してあります。

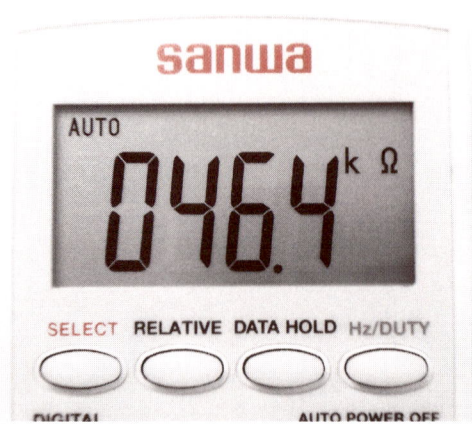

◆写真 5.1.3 抵抗器のデジタルマルチメーター実測値

COLUMN　抵抗器の値（規格）が半端な理由

本書で測定した抵抗器は 47kΩ でした。なぜキリのよい 50kΩ ではないのでしょうか？　これには数学的な理由があります。

電子回路の設計を行う場合、標準化された中から計算値に一番近い値を選択します。どのような設計結果であっても一定の割合の誤差で抵抗器が選択できるためには、標準抵抗値は等比級数（隣り合った抵抗値間の比率が一定）である必要があります。

抵抗の等比級数は E 系列といって、求める精度に応じて精度（許容誤差）の異なるいくつかの系列があります。

一般的な回路では E12 系列がよく使用されます。

◆表 5.1.2 E 系列規格表

系列	E6	E12	E24	系列	E96		
誤差	±20%	±10%	±5%	誤差	±1%		
1.0	○	○	○	1.00	1.78	3.16	5.62
1.1	−	−	○	1.02	1.82	3.24	5.76
1.2	−	○	○	1.05	1.87	3.32	5.90
1.3	−	−	○	1.07	1.91	3.40	6.04
1.5	○	○	○	1.10	1.96	3.48	6.19
1.6	−	−	○	1.13	2.00	3.57	6.34
1.8	−	○	○	1.15	2.05	3.65	6.49
2.0	−	−	○	1.18	2.10	3.74	6.65
2.2	○	○	○	1.21	2.15	3.83	6.81
2.4	−	−	○	1.24	2.21	3.92	6.98
2.7	−	○	○	1.27	2.26	4.02	7.15
3.0	−	−	○	1.30	2.32	4.12	7.32
3.3	○	○	○	1.33	2.37	4.22	7.50
3.6	−	−	○	1.37	2.43	4.32	7.68
3.9	−	○	○	1.40	2.49	4.42	7.87
4.3	−	−	○	1.43	2.55	4.53	8.06
4.7	○	○	○	1.47	2.61	4.64	8.25
5.1	−	−	○	1.50	2.67	4.75	8.45
5.6	−	○	○	1.54	2.74	4.87	8.66
6.2	−	−	○	1.58	2.80	4.99	8.87
6.8	○	○	○	1.62	2.87	5.11	9.09
7.5	−	−	○	1.65	2.94	5.23	9.31
8.2	−	○	○	1.69	3.01	5.36	9.53
9.1	−	−	○	1.74	3.09	5.49	9.76

第5章 電子部品の特性を調べる

5-2 コンデンサー

コンデンサーは、電気を蓄える性質を持つ部品で、信号の直流成分を阻止し、変化成分を通過させる用途に使われます。

そしてそのコンデンサーにどのくらいの電気が蓄えられるのかを表すのが**静電容量**という値です。静電容量の値はF（ファラッド）という単位で表します。

アナログテスターでは静電容量は測れませんが、デジタルマルチメーターには、静電容量の測定機能が備わっています。

📕用語解説
・静電容量
　どのくらいの電気が蓄えられているのかを表す値。

■ 5-2-1 静電容量の測り方

デジタルマルチメーター PM3 で、コンデンサーの静電容量を測ってみます。

ファンクション切り替えつまみを**抵抗（Ω）**にセットして、セレクトスイッチを何度か押してディスプレイにnFのマークを表示させます。

🖉アドバイス
図のような表示になるまでセレクトスイッチを押してください。

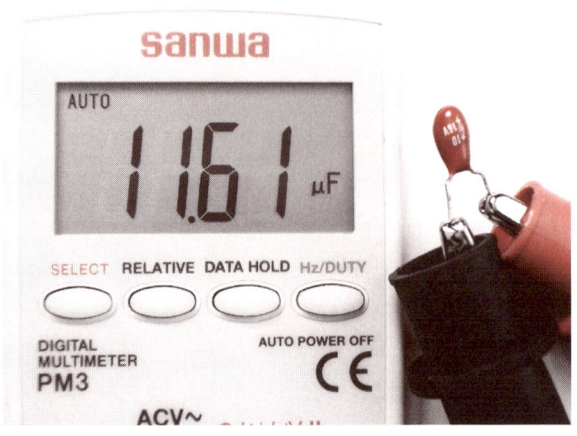

◆写真 5.2.1　デジタルマルチメーター PM3 は、コンデンサーの容量が測れる

5-2 ◆ コンデンサー

　そして、コンデンサーの電極にリード棒を当てます。なお、コンデンサーの中には、電解コンデンサーのように極性があるものがあります。それらには極性が記されていますから、テスターのリード棒もその極性に合わせて、デジタルマルチメーターでは、コンデンサーのプラス極に赤のリード棒を、マイナス極に黒のリード棒を当てます。

　手持ちの 10μF(マイクロファラッド)のタンタルコンデンサーを測定してみたところ、測定値は 11.61μF となりました。なお、PM3 で測定できる最大の静電容量は 200μF となっています。

> **参照**
> テスターの極性
> → p.76

> **用語解説**
> ・μ (マイクロ)
> 　静電容量で 1F はとても大きな値なので、電子回路では以下の補助単位の付く小さな容量のコンデンサーが利用されます。
> $10^{-6} = μ$ (マイクロ)
> $10^{-12} = p$ (ピコ)

COLUMN　コンデンサーの容量表示

　コンデンサーの静電容量は 3 桁の数字で表示されています。下の図を参考にして値が読めます。

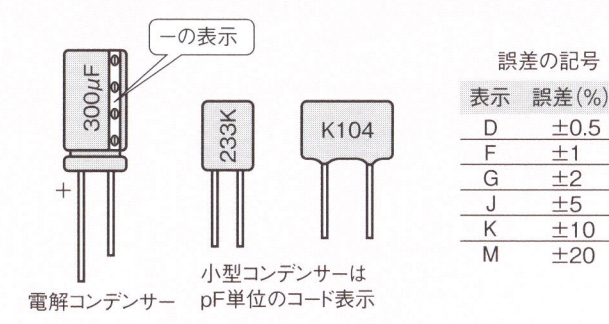

誤差の記号	
表示	誤差(%)
D	±0.5
F	±1
G	±2
J	±5
K	±10
M	±20

電解コンデンサー（300μF、−の表示、＋）

小型コンデンサーは pF 単位のコード表示（233K、K104）

表示　数値　乗数　誤差
233K ⇒ 23　3　K　⇒ $23×10^3 pF = 0.023μF$

表示　誤差　数値　乗数
K104 ⇒ K　10　4　⇒ $10×10^4 pF = 0.1μF$

◆図 5.2.1　コンデンサーの容量表示

5-2-2 コンデンサーの不良判定

　アナログテスターでは静電容量は測れません。ただ、数 μF 以上であれば、抵抗測定機能でリード棒を当てた瞬間だけコンデンサーに充電電流が流れてメーターが振れるかどうかで、内部でショート（故障）していないかどうか程度は判断できます。ショートしていればメーターは振れたままになるはずです。

　コンデンサーの充電電流が流れるのは一瞬だけなので、デジタルマルチメーターではそのようすがわかりにくく、このテストにはアナログテスターのほうが向いています。

　アナログテスターのファンクション切り替えつまみを抵抗（Ω）にして、レンジを×10 Ωにセットして、1,000 μF の電解コンデンサーにリード棒を当ててみました。このとき、コンデンサーの＋極に黒のリード棒を、−極に赤のリード棒を当てます。

　ピン先を触れた瞬間に大きく指針が振れますが、すぐにゆっくりと指針が戻っていきます。この後いつまでたっても

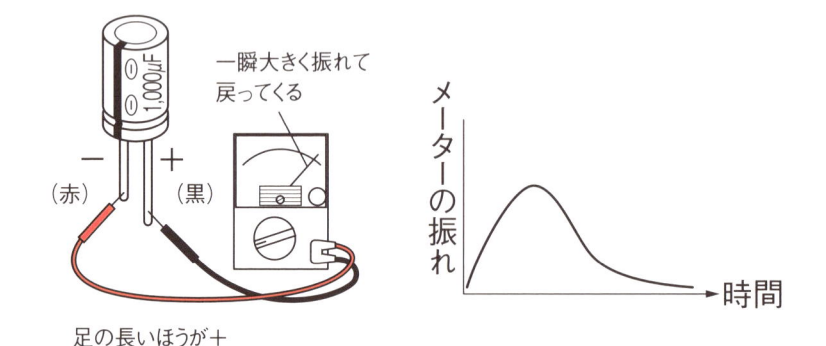

◆図 5.2.2　抵抗測定機能でコンデンサーの不良判定を行う

抵抗値が∞（無限大）を示さない（指針が左へ戻らない）ときは、コンデンサー内部で電流が漏れている状態ですから、そのコンデンサーは劣化しています。

同じことを、今度は 10μF のコンデンサーで行ってみました。

指針は同じように振れますが、振れ方は 1,000μF のときより小さくなりました。これは、コンデンサーの静電容量が小さいために、充電電流も小さくなるからです。

なお、このテスト直後に、テスターのリード棒を逆にしてコンデンサーに当てると、一瞬ですが最初に当てたときよりもメーターが勢いよく振れます。これは、最初のテストでコンデンサーに充電された電気が、今度はテスター内蔵の電池に加勢する向きになり、リード棒を短絡したときよりも大きな電流が流れるからです。コンデンサーの充放電のようすが実感できます。

> **注意**
> リード棒を電解コンデンサーのリードに当てたままにしないでください。

> **注意**
> 逆極性の電圧をかけたままでいるとコンデンサーが劣化してしまいますので、測定は短時間にしましょう。

COLUMN　コンデンサーは経年変化が大きい部品

電解コンデンサーは熱に弱く、高温では静電容量が徐々に減少していくことがあります。温度が高くなる部分に使われている電解コンデンサーは、とくに経年変化が大きく、容量抜けという劣化を起こしやすくなります。工業用の電源装置などでは稼働時間も長く、大きな電解コンデンサーの容量抜けはしばしば問題になります。

5-3 コイルとトランス

　コイルは直流成分を通して、変化成分を阻止する用途の部品です。変化成分を阻止する度合いを**インダクタンス**と呼び、H（ヘンリー）という単位で表します。

　コイルのインダクタンスはテスターで測ることはできません。ただ、コイルは種類によっては断線しやすいものがあり、テスターで断線したかどうかの判断ができます。

　写真5.3.1の右側のコイルは、非常に細い線が用いられているので、扱いによっては断線することがあり、テスターはその判別に役立ちます。

> **用語解説**
>
> ・コイル
>   銅線を円筒状に巻いた電子部品。
>   巻き数や断面積が大きいほど交流を通しにくい。
>
> **アドバイス**
>
> 　図のようにコイルの両端にテスターのリード棒を当てて測定します。ここでは抵抗（×1Ω）測定機能で、（「PM3」であればブザーで）断線をチェックします。

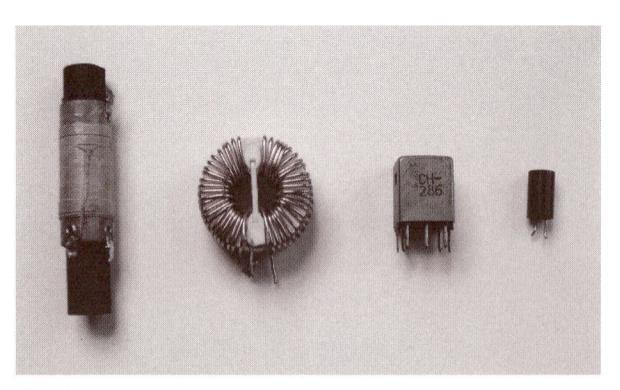

◆写真5.3.1　いろいろなコイル

　トランスは、変圧器とも呼ばれ、鉄心に複数のコイルを巻き付けた構造をしています。そしてどれか1つのコイルに交流の電圧を加えると、ほかのコイルに巻き数に比例した交流電圧が発生します。電圧を変えたり、異なる回路間で信号を受け渡しするための部品です。

　テスターでは、巻き線の断線を判定したり、出力される交流電圧を測ります。

5-3 ◆ コイルとトランス

◆写真 5.3.2　いろいろなトランス

COLUMN　コイルの思わぬ高電圧にご用心

　コイルに電流が流れているときに、回路のスイッチを切って電流を急に止めると、コイル内の磁界（磁力の力）が急激に減少します。このとき、コイルには磁界の減少を妨げようとする電磁誘導という現象が働いて、高い電圧（誘導電圧）が発生します。

　ですから、動作中のコイルやトランスの電圧を測るときには、そこにかかっている電源電圧よりもはるかに高圧が出ていることがあるので注意が必要です。

　たとえば 94 ページの蛍光灯の点灯回路では、点灯管の切れる瞬間に、安定器（コイル）が 100V よりもはるかに高い電圧を発生させてフィラメントの放電をうながしています。また、真空管アンプの出力トランスでも、電源電圧よりはるかに高圧が発生しています。

5-4 ダイオード

ダイオードは、半導体素子の中でももっとも基本的な素子です。ダイオードには特定の方向にだけしか電流を流さない、整流という作用があって、この**整流作用**が回路で利用されます。

ここでは、小信号用スイッチングダイオードを用いて、テスターの抵抗測定機能で極性を調べてみます。

ダイオードからは2本のリード線が出ています。そして、ダイオード本体には、片方のリード線側に片寄って、青い色の帯が付いています。この帯の向きに注意しながら、抵抗を測定してみましょう。

用語解説
・ダイオード
  2極を表す言葉。
・スイッチングダイオード
  小さな信号用のダイオードのこと。

アドバイス
図のように印（帯）が付けられています。

5-4-1 アナログテスターで観測する

まずアナログテスターで抵抗を測定してみましょう。このとき、アナログテスターの抵抗測定機能では、リード棒の赤

アドバイス
抵抗（Ω）の「×kΩ」にレンジを合わせます。

アドバイス
図のようにリード棒のピン先を押し当てます（図は順方向）。

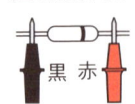

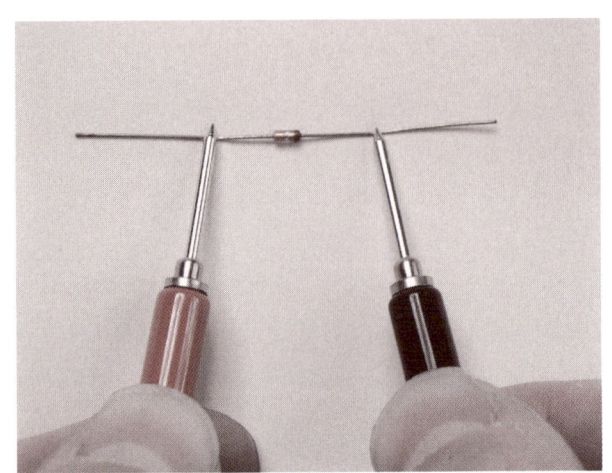

黒　赤

◆写真5.4.1　ダイオードの極性を調べる

5-4 ダイオード

側ピンにはマイナスが、黒側ピンにプラスの電圧がかかることを頭に入れておきましょう。

青い帯のある側のリード線に黒のリード棒を当てて（プラスの電圧を加えて）測ったときの抵抗は、もっとも高い抵抗値が測定できる×kΩレンジでも指針は全く振れません。つまり測定が不可能なくらい高い抵抗値を示します。

続いて青い帯のある側のリード線に赤のリード棒を当てて（マイナスの電圧を加えて）測ったときの抵抗は、×1Ωレンジで20Ωという低い抵抗値を示し、電流がよく流れることがわかりました。

このことから、青い帯のあるリード線がマイナス、反対側がプラスの電圧のときにだけ電流が流れることがわかりました。電流が流れる方向の電圧のかけ方を**順方向**、電流が流れない電圧のかけ方を**逆方向**といいます。

また、青い帯のある側を**カソード**、もう一方を**アノード**と呼びます。

> **アドバイス**
>
> アナログテスターの場合、リード棒の赤にはマイナスが、黒にはプラスの電圧がかかることを頭に入れておきます。

> **用語解説**
>
> ・**アノード**
>   電流が流れ込む側の電極のこと。
> ・**カソード**
>   電流が流れ出る側の電極のこと。

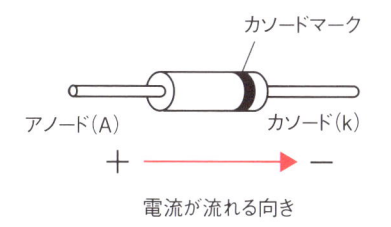

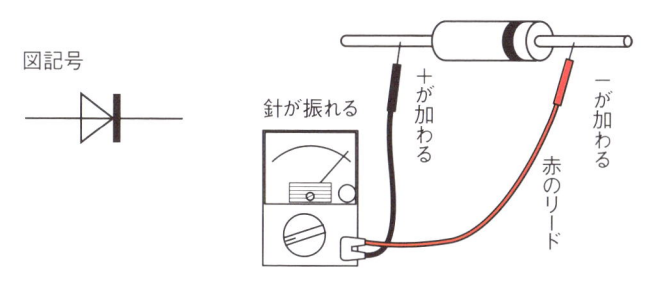

◆図 5.4.1 ダイオードの電極名と極性

5-4-2 デジタルマルチメーターで観測する

今度は、デジタルマルチメーターでダイオードを測定してみます。デジタルマルチメーターの**抵抗測定**では、リード棒に現れる電圧はアナログテスターとは反対で、赤リード側にプラス、黒リード側にマイナスが出てきます。

そこでカソード側に赤のリード棒を当てた逆方向では、抵抗値はO.L（オーバーレベル：測定範囲外）と表示されます。つまり、非常に高い抵抗値で、電流がほとんど流れないことがわかりました。

そして、順方向では低い抵抗値になるかというと……、なんと3.85MΩと表示されました。1MΩは百万Ωですから、かなり高い抵抗値です。つまり、電流があまり流れていないということです。アナログテスターでは順方向は低い抵抗値になったのに、なぜデジタルマルチメーターでは高い抵抗値なのでしょうか？

それを解明するために、一般的なスイッチング用シリコンダイオードの、順方向、逆方向での電圧と流れる電流の関係をグラフに示します。

> **アドバイス**
> デジタルマルチメーターの場合は、赤にプラス、黒にマイナスの電圧が出てきます。

> **アドバイス**
> PM3の最大測定抵抗は40MΩです。それを超えるとO.Lと表示されます。

> **アドバイス**
> ここでは抵抗を測定します。

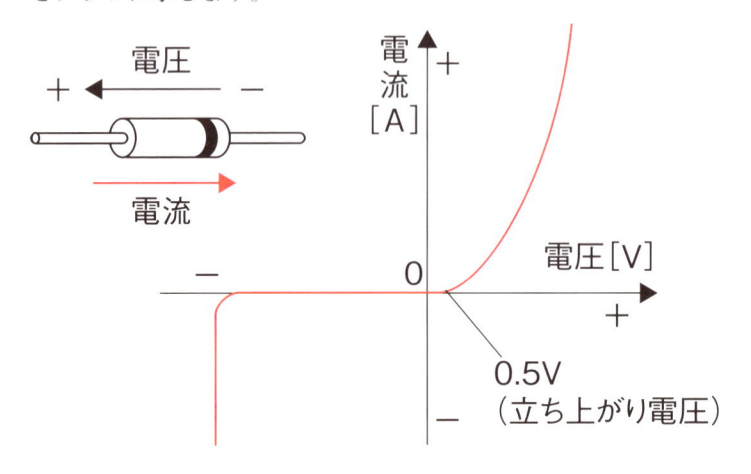

◆図5.4.2 ダイオードの電圧と電流のグラフ

5-4 ◆ ダイオード

このグラフからわかることは、逆方向で電流がほとんど流れないのは当然ですが、順方向でも 0.5V くらいにならないと電流が流れ出さないことです。この電圧を**立ち上がり電圧**といい、ダイオードとして見逃してはいけない性質となります。

いっぽう、抵抗測定で測定対象物にかかる最大の電圧は、アナログテスターでは内蔵電池の電圧がそのままかかりますので約 1.5V です。しかしデジタルマルチメーターでは 0.4V 程度に抑えられています。つまり、デジタルマルチメーターでは立ち上がり電圧にも達しないので、順方向でも電流がほとんど流れず、高い抵抗値を示すのです。

そのためデジタルマルチメーターには、ダイオードの極性測定用の機能が別に用意してあります。これに切り替えるためには、ファンクション切り替えつまみは抵抗のままで、セレクトスイッチを何度か押して、ダイオード（▶▶|）のマークを表示させます。

極性測定機能を使うと、数 100 μA を流したときの電圧が表示され、逆方向では O.L と表示されます。

著者が行った順方向での測定値ではちょうど 0.500V と表示されました。

> 🖈**アドバイス**
> 図のようにダイオードのマークを表示させます。
> ▶▶|

> 🖈**アドバイス**
> デジタルマルチメーターのダイオードのテストでは、順方向なら 0.2 ～ 0.6V（ダイオードの種類によって異なる）、逆方向で O.L 表示なら正常です。

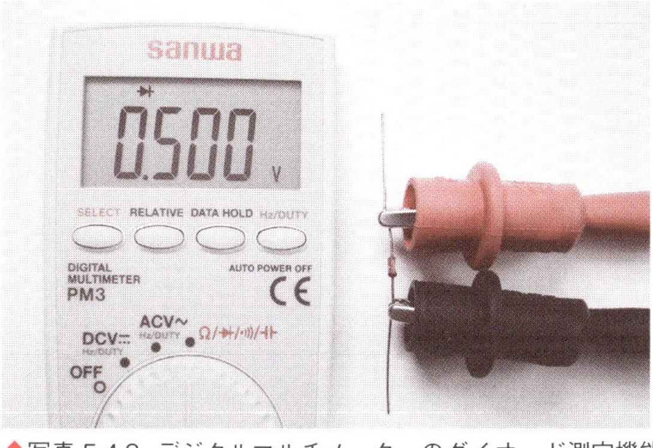

◆写真 5.4.2 デジタルマルチメーターのダイオード測定機能での順方向測定例

149

5-5 発光ダイオード（LED）

赤の**発光ダイオード**（LED）をアナログテスターの**抵抗レンジ**で測ってみます。

発光ダイオードは、リード線の長いほうがアノード、短いほうがカソードになります。

> 参考
> ・LED
> Light Emitting Diode

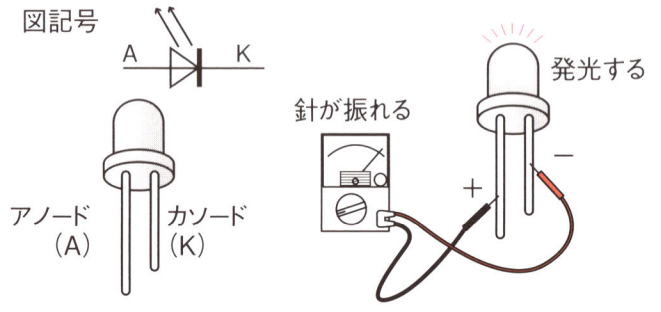

◆図5.5.1 発光ダイオードの極性

実測してみると、逆方向（アノードに赤のリード棒を当てたとき）では、×kΩレンジでも全く指針が振れません。

順方向（アノードに黒のリード棒を当てたとき）では、×1Ωレンジで指針がかすかに振れ、発光ダイオードもうっすらと光っています。

発光ダイオードの、電圧と電流の関係をグラフに書くと図5.5.2のようになります。メーカーによる違いもありますが、通常発光ダイオードを光らせるときの適正電流は約10mA程度とされていて、そのときの順方向電圧は、赤色発光ダイオードの場合で1.8V、黄色や緑は1.9V、青に至っては3.3Vくらいとなっています。

アナログテスターの抵抗測定機能では、リード棒にかかる電圧は最大で1.5V程度ですから、赤の発光ダイオードでも流れる電流はごくわずかで、かすかにしか光らなかったのです。

> アドバイス
> まずアナログテスターの抵抗（Ω）の「×kΩ」に合わせ、測定します。

> アドバイス
> デジタルマルチメーターの抵抗測定機能では、全く光らせることはできません。

5-5 ◆ 発光ダイオード（LED）

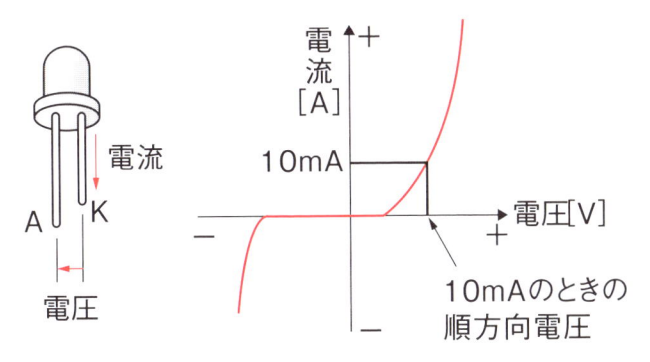

◆図 5.5.2 発光ダイオードの電圧と電流特性グラフ

COLUMN 発光ダイオードの光らせ方

発光ダイオードを光らせるときは、電球のように電池や電源を直接つないではいけません。下図のように電流を（10mA 程度に）制限する抵抗が必要で、抵抗がないと発光ダイオードに大電流が流れて壊してしまいます。

図中の式を参考に抵抗を求めて、LED を光らせてみてください。自分で光らせる LED はなかなかかわいいものです。

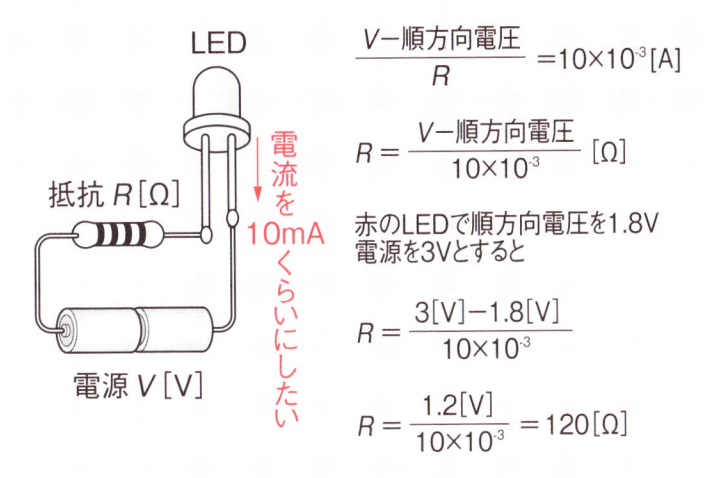

$$\frac{V - 順方向電圧}{R} = 10 \times 10^{-3} [A]$$

$$R = \frac{V - 順方向電圧}{10 \times 10^{-3}} [\Omega]$$

赤の LED で順方向電圧を 1.8V 電源を 3V とすると

$$R = \frac{3[V] - 1.8[V]}{10 \times 10^{-3}}$$

$$R = \frac{1.2[V]}{10 \times 10^{-3}} = 120[\Omega]$$

◆図 5.5.3 発光ダイオードの点灯回路と電流制限抵抗の値の決め方

5-6 太陽電池

　太陽電池は「電池」と名が付くのに、なぜ電池のところで説明しないで発光ダイオードの次にしたのか、わかりますか？　じつは光を電気に変換する太陽電池もダイオードの仲間なのです。

> **アドバイス**
> 太陽電池の電圧を測定する方法は、図のようにして行います。

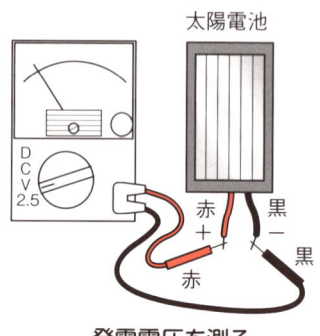

発電電圧を測る

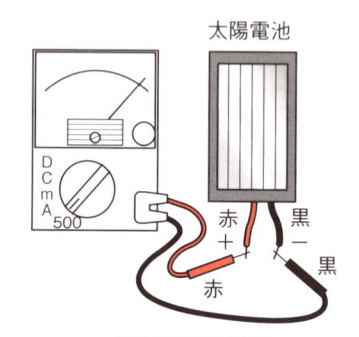

発電電流を測る
（小型太陽電池以外では危険なのでこのような電流測定は行わないでください）

◆図 5.6.1　太陽電池の発電電圧と電流を測る

　太陽電池に光が当たると、その光の強さに比例した電流が発電されますが、電圧が上がってくると、太陽電池自身が持つダイオード部分に電流が使われてしまいます。光の強さと電圧、電流の関係を図に示したものが図 5.6.2 です。

　実際に定格 0.5V、1,200mA となっている小型の太陽電池で測定してみました。

　太陽電池の電圧は直流電圧測定で行います。CP-7D では DC2.5V レンジで測定します。

　電流測定は CP-7D の DC500mA レンジで行います（PM3

5-6 ◆ 太陽電池

では測れません)。なお、この実験で使った太陽電池は小型なので電流が少なく、このような電流測定ができましたが、大型の太陽電池や普通の電池では、このような接続で実験をすると大電流が流れて危険です。絶対に行わないでください。

> **注意**
> このような電流測定は、小型の太陽電池以外には危険なので絶対にやらないでください。

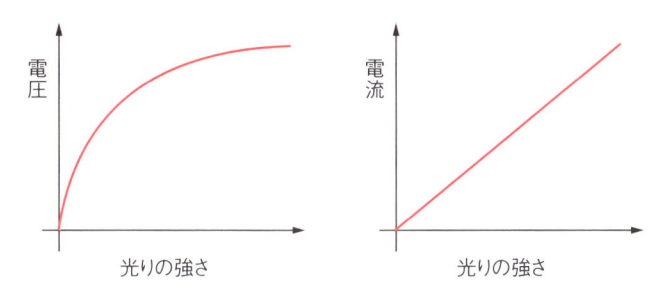

◆図 5.6.2 太陽電池に当たる光の強さと発電電圧・電流の関係

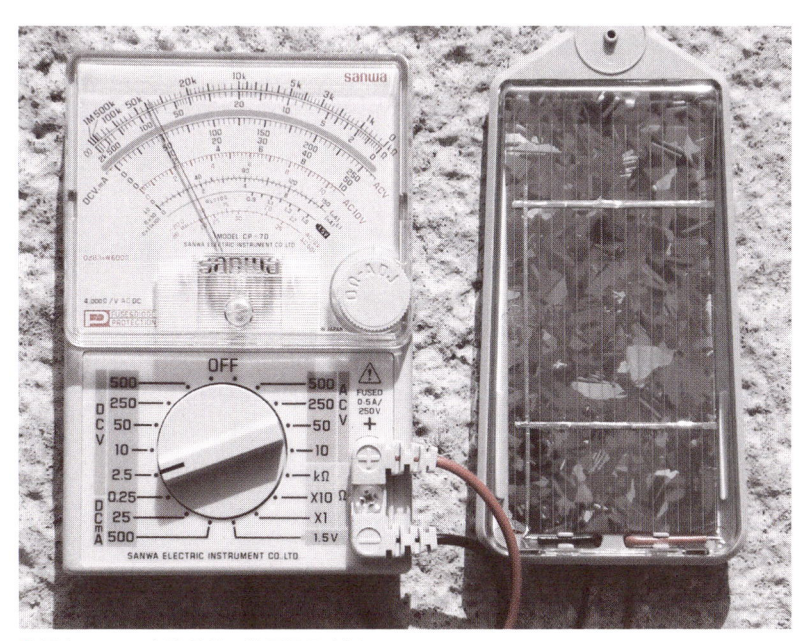

◆写真 5.6.1 太陽電池の発電電圧を測る

153

第5章 電子部品の特性を調べる

　表 5.6.1 は筆者が測定した、強さの異なる光での電圧と電流です。ある程度の明るさがあると、電圧は 0.3V くらいにまで上がりますが、直射日光などの強い光を当てても、0.6V 以上には上りません。いっぽう、電流は明るさに応じて大きく変化しています。これらは、太陽電池の特性をよく示しています。

◆表 5.6.1　太陽電池の発電電圧と電流の測定結果

光源	電圧		電流	
	レンジ	測定値	レンジ	測定値
机の照明	DC2.5V	0.30V	DC25mA	6.1mA
日陰での青空	DC2.5V	0.44V	DC500mA	83mA
太陽光	DC2.5V	0.52V	DC500mA	382mA

※電圧は開放電圧、電流は短絡電流に相当する
測定器：CP-7D

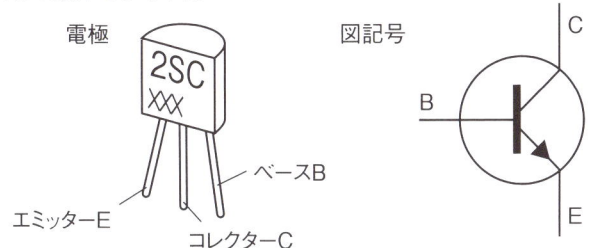

5-7 トランジスター

　トランジスターは、電流を増幅する素子です。エミッター(E)、コレクター(C)、ベース(B)の3つの端子があります(図5.7.1)。

　またトランジスターには、極性の違いでNPN形とPNP形の2種類があり、それぞれ型番と回路記号で図5.7.1のように区別します。テスターであたってみる場合は、図5.7.2のようにダイオードが2つ入っているものと考えれば、壊れていないかどうかを簡易的にチェックできます。

　トランジスターにダイオードが2つ入っていると想定して、順方向に導通がない、あるいは逆方向に導通している、ということがテスターで観察できれば、そのトランジスターは確実に壊れています。しかし、このテストでOKであれ

> **アドバイス**
> トランジスター 2SC1815の端子は図のようになっています。

(a) NPN形トランジスター

(b) PNP形トランジスター

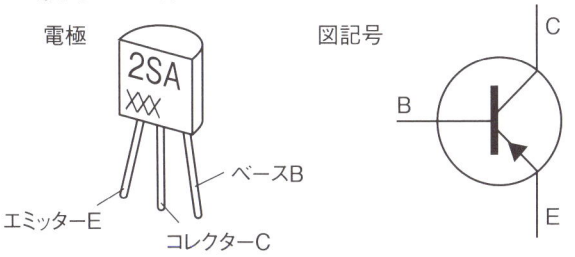

◆図 5.7.1　トランジスターの電極の例と回路記号

ば壊れていない、とまではいえませんので、その点はご注意ください。

(a) NPN形トランジスター　　(b) PNP形トランジスター

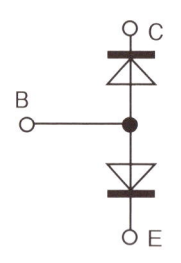

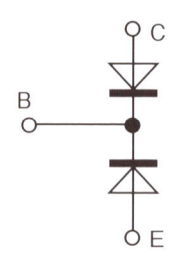

◆図5.7.2　トランジスターの極性をイメージしやすくするために、便宜的にダイオードでイメージしたようす

この図5.7.2をもとに、2SC1815をテスターの×kΩレンジで各部の抵抗を測ってみた結果が表5.7.1です。

◆表5.7.1　トランジスター2SC1815の各電極間の抵抗値の観察結果

	電圧極性 +	電圧極性 −	抵抗値 (×kΩレンジ)	順逆方向
C−B間	C	B	∞	逆方向
	B	C	6.8kΩ	順方向
B−E間	B	E	7kΩ	順方向
	E	B	∞	逆方向
C−E間	C	E	∞	C−Bで逆方向
	E	C	∞	E−Bで逆方向

用語解説

・2SC1815
NPN形トランジスター。

アドバイス

アナログテスターの「×kΩ」レンジに合わせて測定します。

5-7 ◆ トランジスター

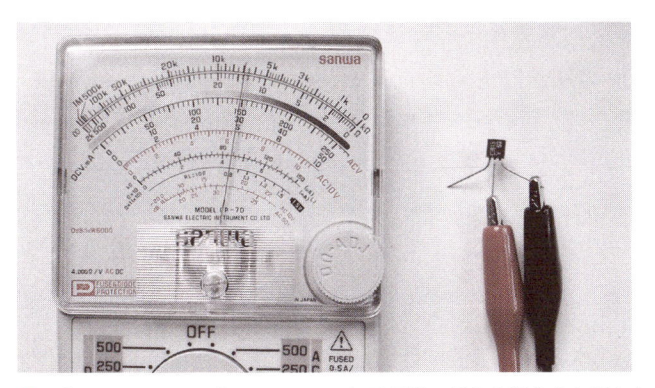

◆写真 5.7.1 アナログテスターで、各電極間の抵抗を順方向と逆方向で観察する

トランジスターの動作を正確にいうと、コレクター（C）からエミッター（E）に流れる電流（**コレクター電流I_c**）を、ベース（B）からエミッター（E）に流れる微少な電流（**ベース電流I_b**）でコントロールする動作となります。

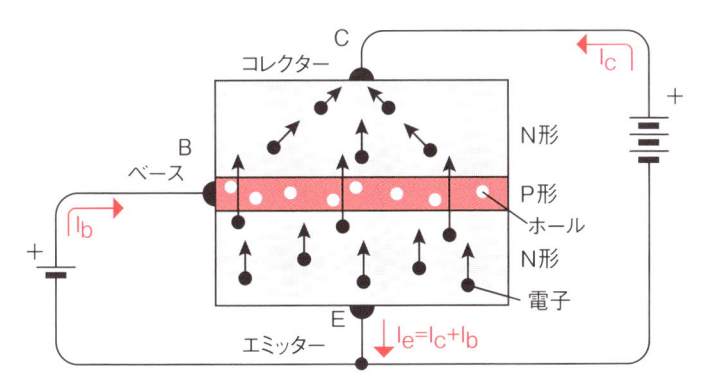

① ベースに、エミッターに対してカットオフ以上のプラスの電圧をかけると、エミッター層の電子がベース層に流れ込みます。
② しかしベース層は薄いので、ほとんどの電子はホールと結合することなくコレクター層に流れ込んでしまいます。
③ このときコレクターにベースより高いプラス電圧がつながっていると、ベース層を通過した電子は加速されて電池から供給されるホールと結合します。つまりベースにわずかな電流を流すだけで、コレクターからエミッターに大きな電流が流れるのです。

◆図 5.7.3 トランジスターの増幅動作のしくみ（NPN形の場合）

第5章 電子部品の特性を調べる

　2SC1815というトランジスターの電流増幅のようすを、アナログテスターCP-7Dと47kΩの抵抗を使って簡単に試してみます。なお、デジタルマルチメーターPM3では、抵抗測定機能でのリード棒間にかかる電圧が0.4V以下と低く、トランジスターを動作できないので、残念ながらこのテストはできません。

① 図5.7.4のように、トランジスターと抵抗を接続します。このとき、図の中のAのところはつなげないでおきます。
　　なお、接続には、写真5.7.2のようにミノムシクリップ付きコードを使用すると簡単です。
② テスターを×kΩレンジに設定します。
　　ここで、Aの部分をつないでいないときには、テスターの抵抗値は∞（無限大）を示します。
③ Aの部分をつなぎます。

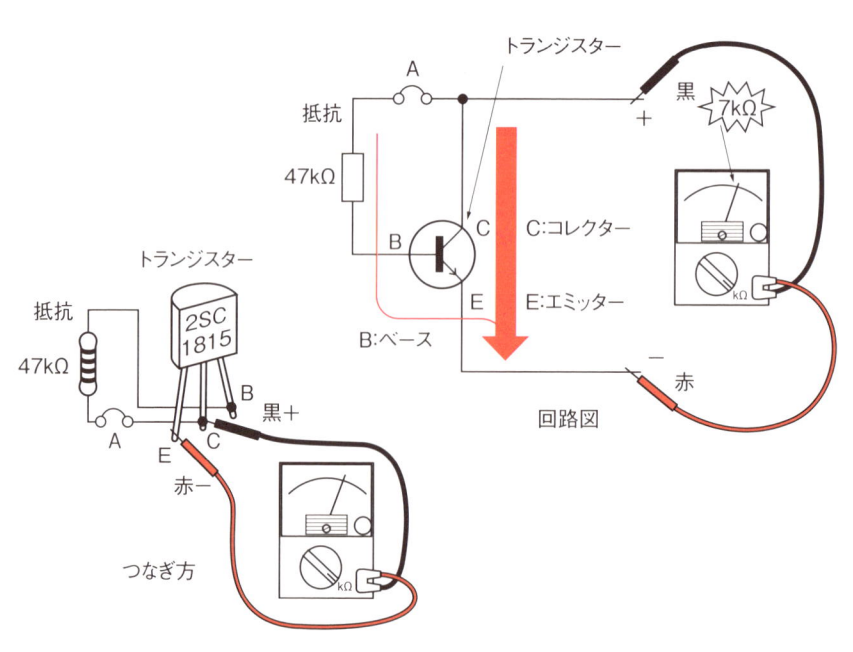

◆図5.7.4　トランジスターの増幅のテスト

5-7 ◆ トランジスター

　テスターの指針は 7 kΩ を示しました。つないである抵抗は 47 kΩ ですから、7 kΩ という低い抵抗値を示したのは、回路図に示すように、47 kΩ の抵抗を通してベースからエミッターに流れた小さな電流によって、コレクターからエミッターに大きな電流が流れたことを意味します。

　ここでベースとエミッター間に小さな信号電圧を加えると、コレクターからエミッターに流れる電流は大きく変化します。これが、**増幅**と呼ばれるトランジスターの基本となる動作です。

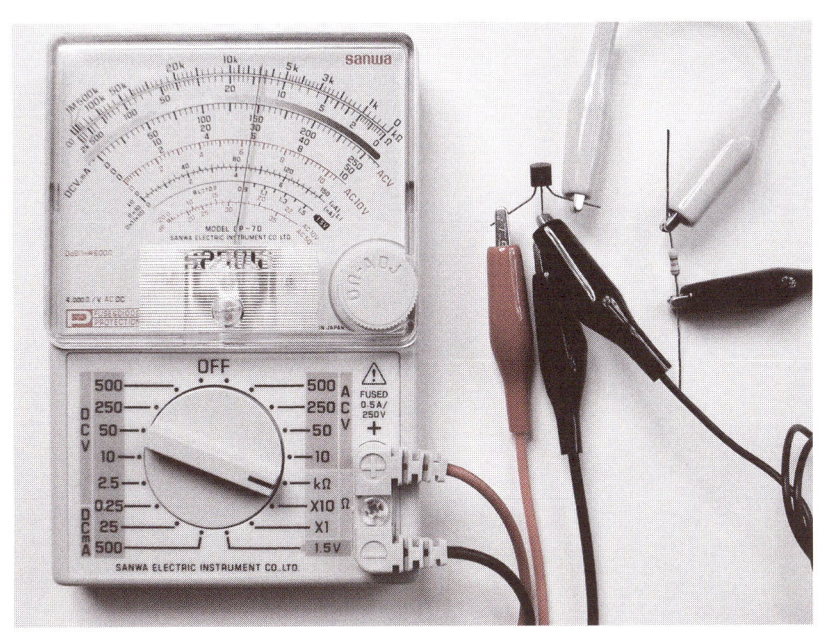

◆写真 5.7.2　トランジスターの増幅のテスト

スイッチは製品によってON、OFFする端子の位置がまちまちで、工作で間違いをおかしてしまいやすい部品です。テスターで事前に測っておくと失敗が防げます。

■ トグルスイッチを導通テスト

トグルスイッチ（ON-ON）のレバーを倒したとき、どの端子が導通しているのか調べてみましょう。デジタルマルチメーターPM3のファンクションスイッチを「Ω」に合わせ、セレクトスイッチで「ブザー（•))）」を選択します。

図のようにレバーを倒し、端子1、2にリード棒を当てます。同様に、端子2、3にもリード棒を当ててください。ブザーが鳴れば導通しているということです。

反対にレバーを倒してみて、同様にテストを行います。

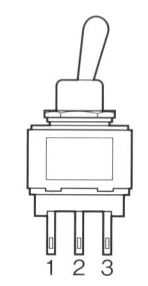

■ タクトスイッチの構造を調べる

タクトスイッチの内部の接続は下図のようになっています。確かめてみましょう。

・タクトスイッチ：OFF

PM3の導通テストの状態で、端子4と3にリード棒を当てます。ブザーが鳴ったら内部で接続されていることがわかります（同様に端子2と端子1で行います）。今度は端子3と1にリード棒を当てます。ブザーが鳴らなければ、タクトスイッチを押さない状態では接続されていないことがわかります。

・タクトスイッチ：ON

端子3と端子1にリード棒を当てます。今度はブザーが鳴るはずです。

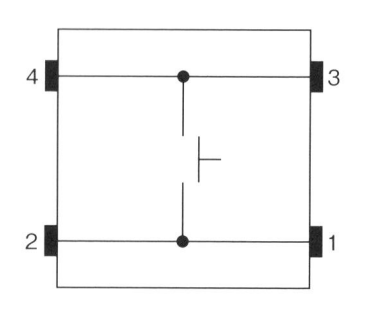

第 **6** 章

テスターのしくみ

　本章では、テスターのしくみを原理から紐解きます。ただ使っているだけなら「便利で手軽な測定器」で終わるテスターですが、内部のしくみが理解できると、より高度な使い方ができるようになり、さらにどうしてこのような使い方をするべきなのか、といったことがよくわかってくるからです。また、テスターの回路を理解することは、電子回路設計の基礎を理解することにもつながります。

第6章 テスターのしくみ

6-1 アナログテスターのしくみ

アナログテスターは、たった1つのメーターで、つまみで測定機能や測定レンジを切り替えてさまざまな測定を行います。

なお、ここではCP-7Dの場合で説明します。ほかの製品の場合と詳細で多少の違いがあることをご理解ください。

■ 6-1-1 アナログテスターの心臓部：メーター

アナログテスターの心臓部は、何といってもメーターです。

アナログテスターのメーターは、「**可動コイル式**」と呼ばれる種類のものが使用されています。

可動コイル式のメーターは、永久磁石の磁力（磁界という）とコイルに流れる電磁力の相互作用を利用するもので、①高感度で正確、②目盛り間隔を一定にできるので読み取りが楽、といった特徴があります。

可動コイル式のメーターの基本構造を図6.1.1に示します。

メーター内の可動コイルは、流れた電流の大きさに比例した力を磁界から受けます（フレミングの左手の法則）。そしてその力と渦巻き状のバネの力が釣り合うところまで指針が振れます。つまり、指針はコイルに流れた電流に比例して振れるのです。

これでわかるように、アナログテスターのメーター自体は、コイルに流れた電流の量を測る電流計なのです。

> **参照**
> ・フレミングの左手の法則
> →次ページ参照

6-1 ◆ アナログテスターのしくみ

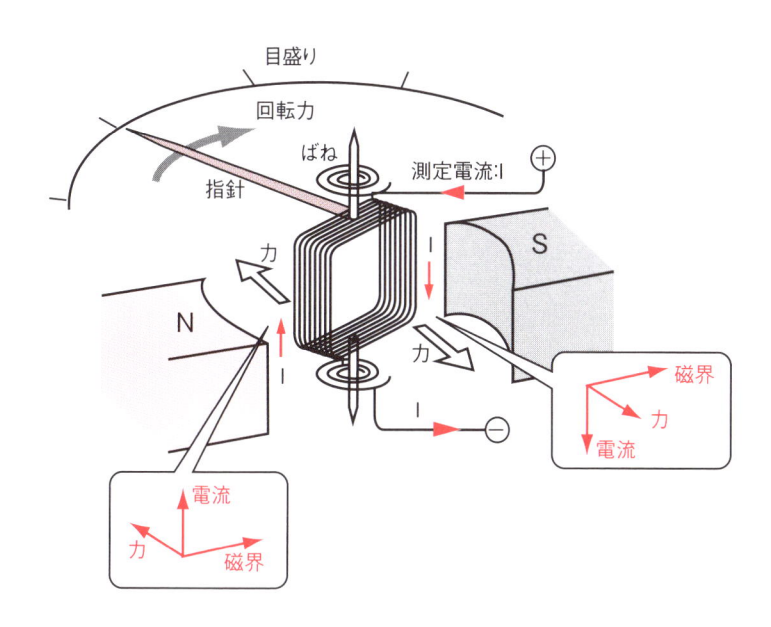

◆図6.1.1 可動コイル式メーターの基本構造

COLUMN　フレミングの左手の法則

　磁力がおよぶ空間（磁界）に置かれた導体に電流を流すと、導体を動かそうとする力が働きます。そのときの磁力の向きと電流の流れる方向、導体に働く力の向きは、図6.1.2の左手の親指、人差し指、中指をそれぞれ直角に開いた向きになります。これを**フレミングの左手の法則**といいます。

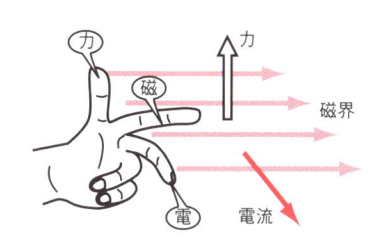

左手の法則「電・磁・力」

◆図6.1.2　フレミングの左手の法則

163

6-1-2 アナログテスターの基本性能

アナログテスターの基本性能を表すのは、感度と内部抵抗です。それらの数値の調べ方と、その差によって何が違ってくるのかを説明します。

■ メーターの感度

テスターのメーターを目盛りの右一杯に振らせるために必要な電流あるいは電圧のことを、**電流感度**または**電圧感度**といいます。感度がよいテスターほど、小さな電流や電圧まで測れることになります（ただし、感度が高いテスターほど慎重に扱わないと、故障しやすいという弱点もあります）。

テスターの感度を調べるには、電流感度なら直流電流（DCmA）の最小測定レンジを、電圧感度なら直流電圧（DCV）の最小測定レンジを見ればわかります。

たとえばCP-7Dなら、直流電流の最少測定レンジは0.25mAですから、0.25mAが流れたときにメーターの指針が最大目盛りまで振り切れるわけです。つまりCP-7Dの電流感度は0.25mA（＝250μA）ということになります。

電圧感度も同様に、CP-7Dの直流電圧の最小測定レンジは0.25Vですから、この0.25Vが電圧感度ということになります。

◆写真6.1.1 CP-7Dの直流電流と直流電圧の最小レンジ

6-1 ◆ アナログテスターのしくみ

■ 内部抵抗

①メーターの内部抵抗

テスターのメーター部は、可動式コイルだと説明しました。可動コイルは細い銅線を何重にも巻いたものですから、当然、その銅線の抵抗分がメーターの電気的特性として現れてきます。この抵抗分をメーターの**内部抵抗**と呼びます。

CP-7Dのファンクション切り替えつまみの位置を見ると、直流電流 0.25mA レンジと直流電圧 0.25V レンジは同じ位置になっています。つまり、どちらも同じ内部回路で測定されていることになり、これはテスターの入力端子にメーターが直結されている状態と見ることができます。

ということは、CP-7D のメーターは、直流 0.25V の電圧が加わったときに 0.25mA の電流が流れるわけですから、オームの法則から、メーターの内部抵抗は計算で以下のように求められます。

$$\frac{0.25[V]}{0.25[mA]} = \frac{0.25[V]}{0.25 \times 10^{-3}[A]} = 1 \times 10^3 [\Omega] = 1[k\Omega]$$

つまり、このテスターのメーター自体の内部抵抗は 1 kΩ と考えられます。

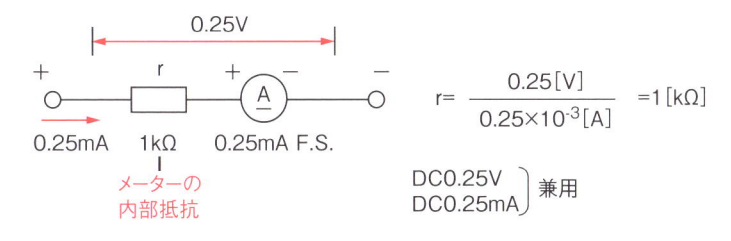

> 参照
> ・オームの法則
> → p.89

> 参考
> ・抵抗の回路記号
> 本書では、新しいJISの回路記号で表記しています。
>
> 新JIS記号
> ─▭─
>
> 旧JIS記号
> ─/\/\/\─

$$r = \frac{0.25[V]}{0.25 \times 10^{-3}[A]} = 1[k\Omega]$$

0.25mA   1kΩ   0.25mA F.S.
メーターの内部抵抗

DC0.25V / DC0.25mA 兼用

F.S.=フルスケール(メーターが一杯に振れること)

◆図 6.1.3 メーターを電流計と内部抵抗に分けて書いた回路図

さらにメーターの内部抵抗は、テスターの目盛り板に表記されている「4,000 Ω ／ V AC DC」という記述で読み取ることもできます。この「Ω／V」（オーム・パー・ボルト）というのは、電圧計の内部抵抗を1Vあたりに換算した単位です。つまりCP-7Dに表記された「4,000 Ω ／ V 」は、1Vあたりの内部抵抗が4kΩと読み替えて、0.25Vレンジの内部抵抗は、

$$4\,[\mathrm{k}\Omega] \times \frac{0.25\,[\mathrm{V}]}{1\,[\mathrm{V}]} = 1\,[\mathrm{k}\Omega]$$

となって、先の計算結果とも一致します。

CP-7Dの心臓部であるメーターは、

・感度250μA、内部抵抗1kΩの電流計

・感度0.25V、内部抵抗1kΩの電圧計

であることがわかりました。

②テスターの内部抵抗

なお、内部抵抗には、メーター自体の内部抵抗のほかに、テスターの測定電極からテスター内部を見た抵抗値を内部抵抗と表現する場合もあります。そのような場合は、それぞれ直流電流250mAレンジでの内部抵抗とか、直流電圧50Vレンジでの内部抵抗といったように表現します。

このようなテスターの内部抵抗は、電流測定時には小さいほどよく、電圧測定時には高いほどよいとされます。

> **アドバイス**
> CP-7D の目盛り板の左下に「4,000 Ω ／ V AC DC」と表記されています。

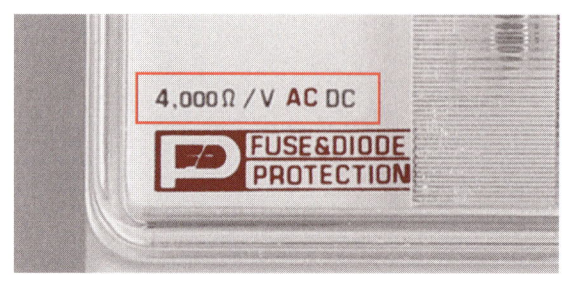

◆写真6.1.2 CP-7Dの目盛り板に記載された「Ω／V」の数値

6-1-3 測定のしくみ

さて、テスターは、つまみを切り替えることによって、1つのメーターをさまざまな感度の電流計や電圧計、そして抵抗計などに変身させています。いったいどのような方法で変身させているのでしょうか？

■ 直流電圧（DCV）の測定

このテスターの DCV でもっとも低い（最大感度の）レンジは 0.25V でした。次のレンジは 10 倍の電圧の 2.5V です。どのようにして電圧レンジを 10 倍にしているのでしょうか？

メーターは基本的には電流計であることは説明しました。電圧レンジを 10 倍にするということは、10 倍の電圧をかけたときに、同じだけ針が振れるということです。そのためには、メーターに流れる電流を 10 分の 1 にする（10 倍の電圧で同じ電流が流れるようにする）という方法を取ります。

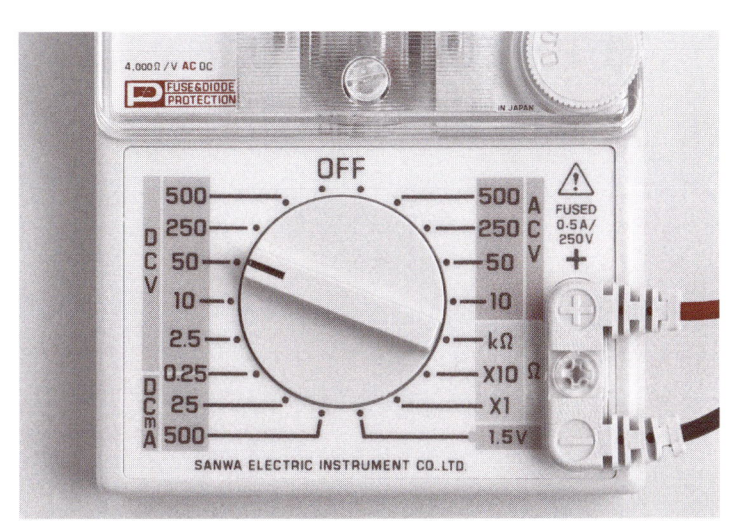

◆写真 6.1.3　1 つのメーターで多くのファンクションやレンジが選べるのはなぜだろう

第6章 テスターのしくみ

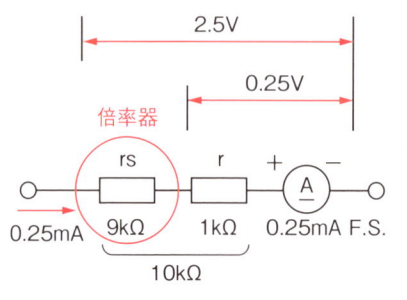

```
        ←―― 2.5V ――→
            ←0.25V→
     倍率器
       ┌──────┐
       │  rs      r       + －
   ─o─│ 9kΩ │ 1kΩ │   (A)  ─o─
    ↑  └──────┘        0.25mA F.S.
  0.25mA   10kΩ
```

本文と異なる求め方

$r + rs = \dfrac{2.5[V]}{0.25\times 10^{-3}[A]} = 10[k\Omega]$

$r = 1k\Omega$ なので
$rs = 10[k\Omega] - 1[k\Omega] = 9[k\Omega]$

◆図6.1.4　0.25Vが測れるメーターで2.5Vを測るしくみ

　同じ電圧で流れる電流を10分の1にするには、オームの法則から、先ほど求めた内部抵抗1kΩを10倍の10kΩにすればよい、ということがわかります。ただし、メーター自体の内部抵抗そのものを変えるわけにはいきませんから、メーターに直列に10－1＝9倍で9kΩの抵抗器を足して、合計で10kΩになるようにします。

　同様に、DC25Vレンジにしたい場合には、全体の抵抗を100倍の100kΩにすればよいのですから、図の抵抗器Rsを99kΩにすればよいことがわかりますね。

　この回路図の抵抗器Rsのことを、メーターの測定電圧を何倍にもすることから、**倍率器**と呼んでいます。

■ 直流電流（DCA）の測定

　このテスターのメーターの感度は0.25mAでした。

　このテスターのDCA（直流電流）のレンジは、もっとも感度の良いレンジが0.25mA、次のレンジは100倍の25mAです。この25mAのレンジを実現するには、メーターに流れる電流を、テスターのリード棒間に流れる電流の100分の1にすればよいことになります。ですから、メーターに並列に、同じ電圧でメーターの100－1＝99倍の電流が流れる**分流器**と呼ばれる抵抗をつないでやります。

> 📖 **用語解説**
>
> ・倍率器
> 　メーターの測定電圧を増やす目的で、メーターに直列に接続する抵抗器のこと。

> 📖 **用語解説**
>
> ・分流器
> 　メーターの測定電流を増やす目的で、メーターに並列に接続する抵抗器のこと。

6-1 ◆ アナログテスターのしくみ

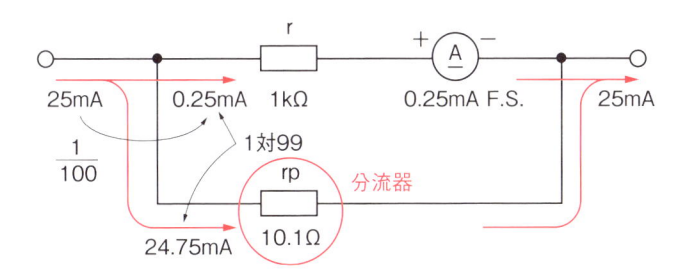

◆図 6.1.5 0.25mA のメーターで 25mA を測るしくみ

　分流器 Rp の値は 10.1 Ω と、微妙に半端な値です。これはどのようにして求めたらよいのでしょうか？

　ここで分流器はメーターよりも 99 倍電流が「流れやすい」ということなので、まず、抵抗の値を電流の流れにくさの単位である［Ω］（オーム）から、電流の流れやすさである［S］（ジーメンス）に変換して考えます。

　メーターの内部抵抗を Ri[Ω]、流れやすさを Ci[S] とすると、Ri = 1 kΩ は下記のように変換します。

$$C_i = \frac{1}{R_i} = \frac{1}{1\,[k\Omega]} = \frac{1}{1 \times 10^3\,[\Omega]} = 1 \times 10^{-3}\,[S]$$

　分流器は、メーターの 99 倍の流れやすさですから、分流器の流れやすさを Cp とすると、メーターの流れやすさ Ci から次のように求められます。

$$C_p = 99C_i = 99 \times 1 \times 10^{-3}\,[S] = 99 \times 10^{-3}\,[S]$$

　求められた分流器の流れやすさ Cp[S] の値を、流れにくさの値である Rp［Ω］へ変換します。

$$R_p = \frac{1}{C_p} = \frac{1}{99 \times 10^{-3}\,[S]} = 0.0101 \times 10^{-3}\,[\Omega] = 10.1\,[\Omega]$$

　これで、DCA（直流電流）のレンジを 100 倍にする分流器の抵抗値が計算できました。

> **用語解説**
> ・ジーメンス
> コンダクタンス（電流の流れやすさ）の単位

第6章 テスターのしくみ

■ 抵抗（Ω）の測定

アナログテスターの抵抗測定の原理は、図 6.1.6 のようになっています。

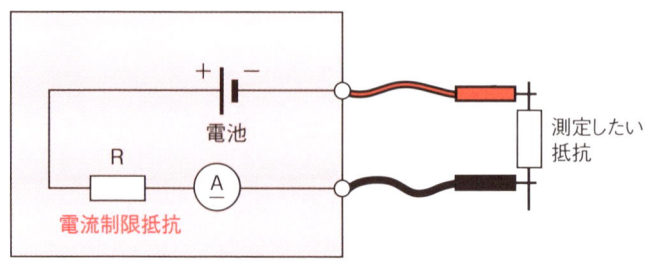

◆図 6.1.6 抵抗測定の原理

テスター内蔵の電池から直流電圧を供給し、測定対象物に流れた電流の大きさをメーターで読み取っています。実際の回路は、抵抗レンジの切り替えや電池電圧の低下をつまみの付いた 0Ω調整用可変抵抗で補正する機能が入っているため、メーター部分の詳細回路は図 6.1.7 のようになります。

じつはこの回路には、補正機能が付いた分、その可変抵抗のつまみの位置によって、測定値に±3％程度の誤差が出るという欠点があります。しかし、テスターの用途とそれに必要な精度、テスター内蔵電池の電圧低下への対応の必要性から、あえてこのような構成となっていると考えられます。

電子回路を組む場合でも、抵抗測定は抵抗値に間違いがないことの確認目的で使用することがほとんどですから、精度が要求されることはあまりありませんが、どうしても高精度な抵抗測定が必要であれば、デジタルマルチメーターを用いたほうがよいでしょう。

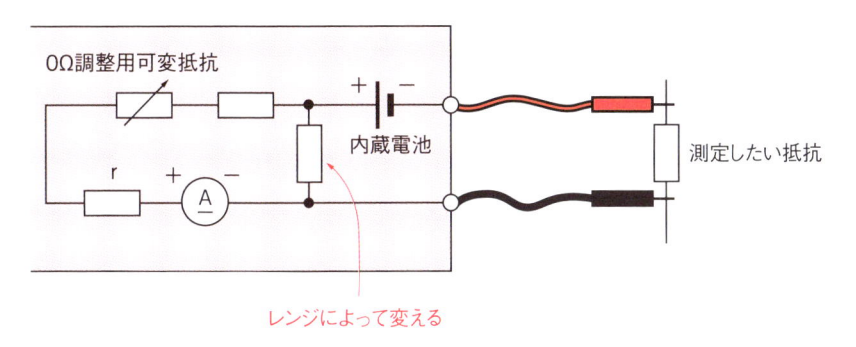

◆図 6.1.7　実際の抵抗測定回路

■ 交流電圧（ACV）の測定

　交流は常にプラスとマイナスが入れ替わっている電気です。私たちにとってもっとも身近な交流は、コンセントに来ているAC100Vですね。

　一般的にテスターで測定する交流電圧は、このコンセントに来ている交流と、低周波（可聴周波数：20～20kHz）の領域を想定しています。

　アナログテスターのメーターは直流電流計です。ですから、直流のメーターに交流を加えても、指針は振れません。そのため交流を直流に変換してからメーターに加える必要があります。

　その役割をしているのが、ダイオードです。ダイオードは、電流を一方向にしか流さない性質を持っていますので、メーターに直列に入れて、電流を一方向に制限し、メーターを振らせています。

　ACV測定回路での電圧切り替えは、DCVと同様、倍率器となる直列抵抗 R_s を変更することによって行います。

> **アドバイス**
> 高精度の抵抗測定が必要であれば、デジタルマルチメーターを使用したほうがよいでしょう。

第6章 テスターのしくみ

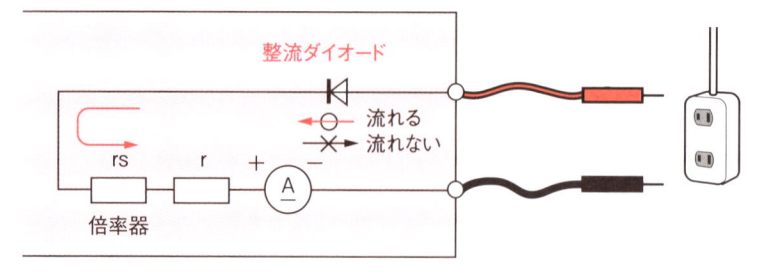

◆図 6.1.8 交流電圧測定のしくみ

　さて、交流電圧はダイオードで直流に変換してから測定していることがわかりました。倍率器も DCV と同様に入っていることがわかりました。それでは、ダイオードが順方向の向きであれば、交流電圧レンジでも直流電圧を測定できるような気がしませんか？

　さっそく、乾電池でやってみましょう。

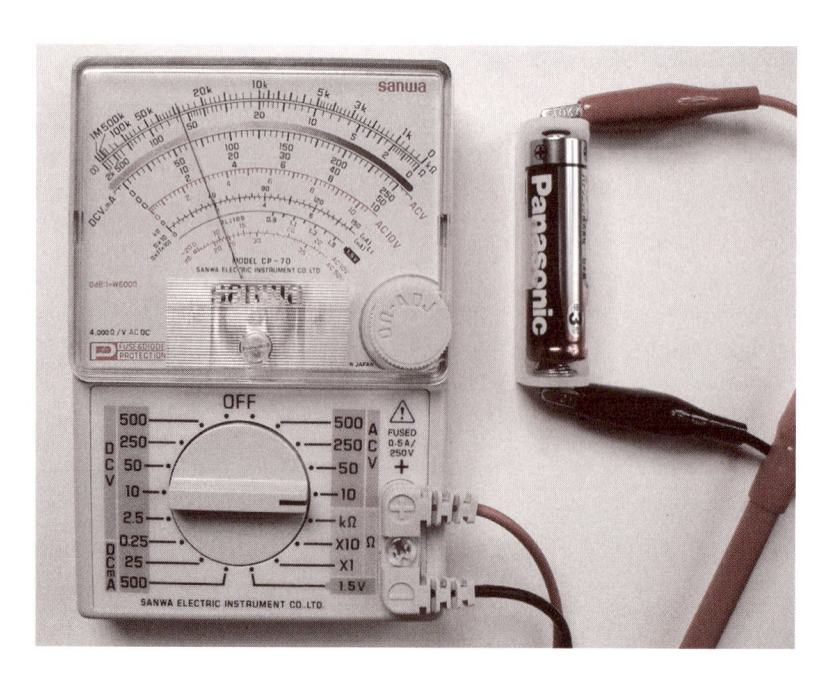

◆写真 6.1.4　乾電池を交流電圧の AC10V レンジで測った結果

6-1 ◆ アナログテスターのしくみ

おや、DC2.5V レンジでは 1.6V 程度を示した乾電池が、AC10V レンジではなんと 3V 程度を示しています。これはどういうことでしょうか？

解説します。まず、交流電圧の値ですが、通常は「実効値」という値で表示します。これは、交流の、電圧、電流、電力の関係を計算しやすくする値で、きれいな交流波形（正弦波）の場合、実効値は最大値の約 0.707（$1/\sqrt{2}$）倍となります。

これに対して、アナログテスターの交流測定でのダイオードによる直流への変換は、通常「半波整流」という回路が用いられています。そして、メーターは、流れる電流の「平均値」で針が振れます。

ダイオードの順方向電圧が無視できる場合、正弦波の半波整流後の平均値は、最大値の 0.318 倍になります。したがって、この状態で実効値を表示させるためには、この比率を調整しなければなりません。

$$\frac{0.707}{0.318} = 2.22$$

ですから、ACV レンジでは、仮に直流が加わったとした場合に比べ、値が 2.22 倍を示すよう、倍率器やメーターの目盛りを調整しているのです。

実験ではそこに直流電圧をかけたから、当然 2 倍以上の間違った表示になってしまったわけです。やはり直流電圧は DCV レンジで測定するべきなのですね。

> **用語解説**
>
> ・半波整流
> 交流電流の正負どちらか一方を用いて整流を行うこと。

第6章 テスターのしくみ

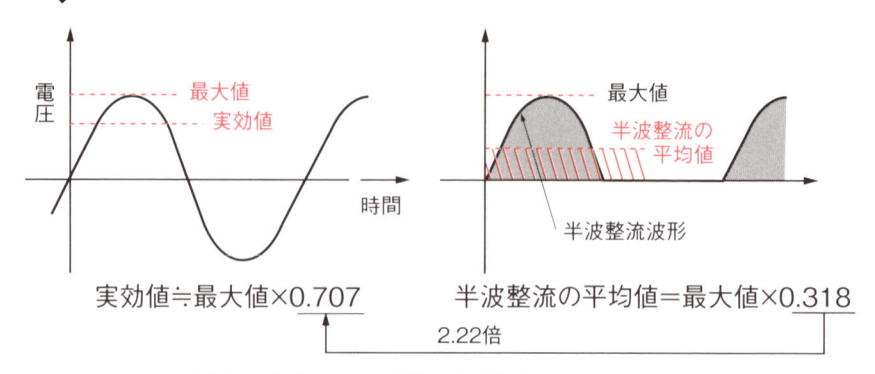

実効値≒最大値×0.707　　半波整流の平均値＝最大値×0.318

2.22倍

メーターは実効値で表示したいが、実際は半波整流の平均値しか来ない。
だからメーターとしては、来た電圧を2.22倍して表示するしかない。

◆図6.1.9 実効値と半波整流の平均値

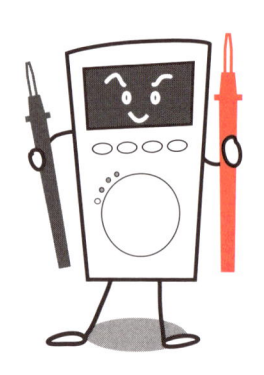

6-2 デジタルマルチメーターのしくみ

　デジタルマルチメーターは、アナログテスターのようなメーター駆動部はありません。すべて内部の電子回路で処理されて、液晶表示部に数字で表示されます。メーターに代わる計測の中心部は、A/D（アナログ／デジタル）変換器とデジタル回路です。ここを駆動するために、必ず電源が必要です。そして、この電源を使用して増幅回路を組み込み、全般的にアナログテスターとはかなり異なった構成・測定方法になっています。

6-2-1 デジタルマルチメーターの回路構成

　デジタルマルチメーター PM3 の回路構成は図 6.2.1 のようになっています。機能のほとんどが LSI の中に集積されています。

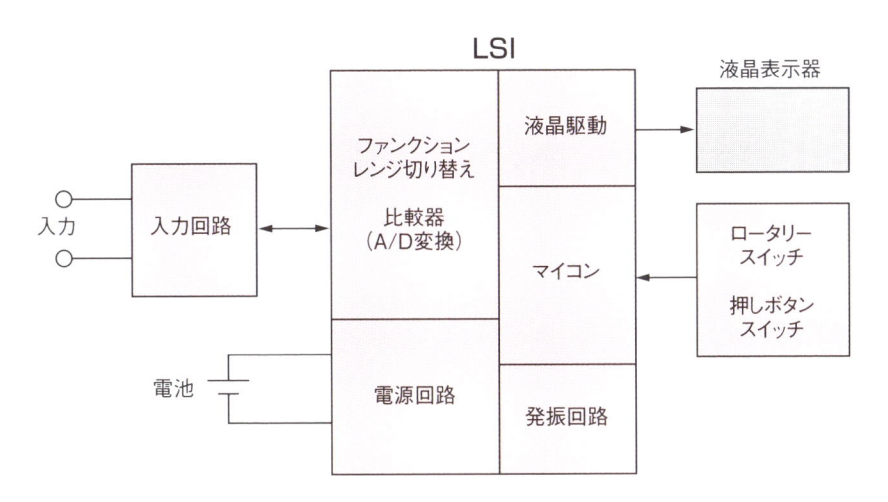

◆図 6.2.1　デジタルマルチメーターの回路構成（PM3 の場合）

第6章 テスターのしくみ

■ 計測部（A/D変換）の役割

デジタルマルチメーターの計測の心臓部は、**A/D変換**器です。A/D変換部の役目は、電圧や電流の物理的な大きさ（これをアナログ信号という）を、数値化したデジタル信号に変えることにあります。私たちが目盛りを読み取る代わりに、A/D変換器が数値として読み取ってくれるのです。

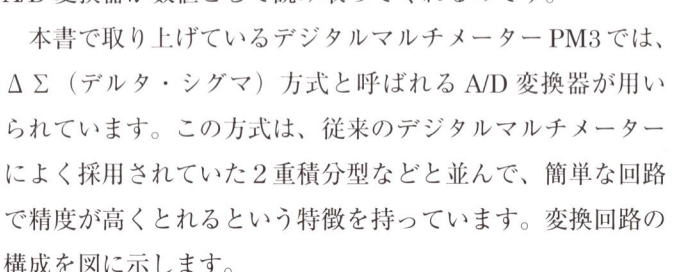

本書で取り上げているデジタルマルチメーターPM3では、ΔΣ（デルタ・シグマ）方式と呼ばれるA/D変換器が用いられています。この方式は、従来のデジタルマルチメーターによく採用されていた2重積分型などと並んで、簡単な回路で精度が高くとれるという特徴を持っています。変換回路の構成を図に示します。

この方式は、アナログ信号をデジタルで伝送する方法の一つ、Δ変調という方式について、直流を伝送できないという欠点を改良するために日本人が開発した、非常に優れた方式です。

> **用語解説**
> ・A/D変換
> アナログ信号をデジタル信号に変換すること。

1bit デジタル・シグマ方式A/D変換器

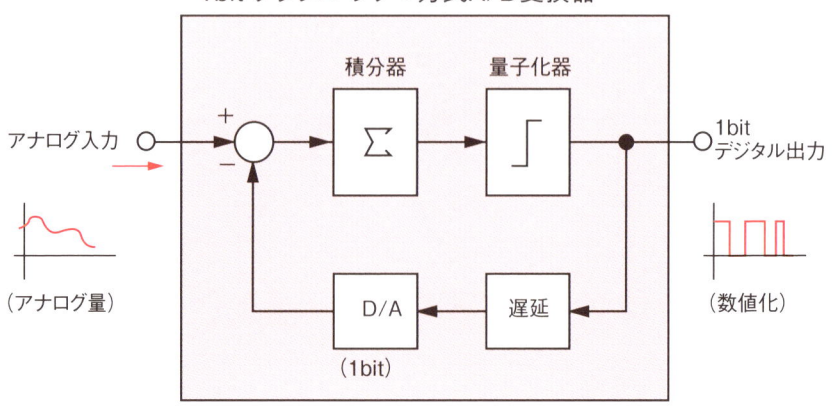

（図：アナログ入力 → 積分器(Σ) → 量子化器 → 1bitデジタル出力、フィードバック経路に遅延とD/A(1bit)）

◆図6.2.2 A/D変換器の働き

6-2 ◆ デジタルマルチメーターのしくみ

　さて、アナログテスターの心臓部であるメーターは電流計である、と説明しました。いっぽう、デジタルマルチメーターPM3の心臓部のA/D変換器は全く逆の電圧計になっています。

6-2-2 測定のしくみ

■ 直流電圧（DCV）の測定

　デジタルマルチメーターで直流電圧レンジに切り替えると、測定電圧の大きさに応じて、自動的にレンジ切り替えが行われます。この切り替え回路は、図のような方法で行われています。

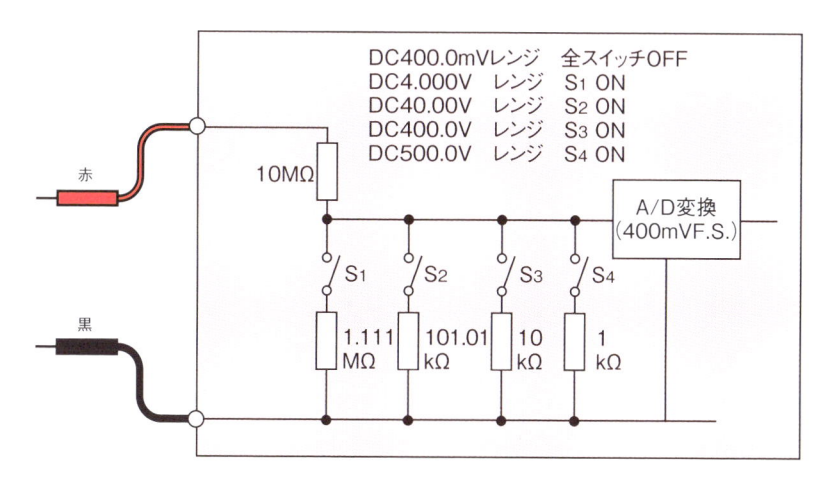

◆図6.2.3　直流電圧測定のレンジ切り替えのしくみ（電圧分割回路）

　アナログテスターでは、測定電圧の切り替えは倍率器で行われています。しかし、デジタルマルチメーターでは、測定電圧を抵抗で分割し、その分割比を切り替えて測定レンジを変えています。入力に電圧が加えられていないときには、マ

ルチメーターは最高感度（PM3 では 400mV レンジ）になっています。ここでテストリードに測定電圧が加えられた場合、測定値が表示できればそのままですが、O.L（測定値過大）になった場合、測定できるまでレンジを上げていきます。

　この機能を**オートレンジ切り替え**、といいます。その機能は、自動的に最適レンジに切り替えてくれる大変便利なものですが、欠点もあります。それは、数秒以内の短い周期で変動している値を読み取るのが困難になることです。

　測定値が変動していると、マルチメーターはオーバーレベルの場合はレンジを上げ、小さな値になるとレンジを下げます。この切り替えのため、表示の桁が変動し、非常に読み取りづらくなるのです。変動のタイミングによっては、レンジ切り替えばかりが起きて、値がほとんど表示されないような事態も起こります。このような場合は、アナログテスターのほうが、非常に値が読み取りやすくなります。

　いっぽう、デジタルマルチメーターでは入力回路に電子回路を用いることから、入力抵抗を非常に高くすることが可能になります。PM3 では、4 V 以上のレンジで 10MΩ 程度、400mV レンジでは何と 100MΩ 以上、となっています。入力抵抗が高い、ということは、テスター内に流れる電流が非常に少ない、ということですから、測定対象の回路への影響が少ない、ということになります。テスターの内部抵抗は電子回路などを測定する場合とくに問題になることが多いですから、内部抵抗の高いデジタルマルチメーターは非常に優れています。電子回路関係で使用する場合は、この点は重視すべき項目です。

■ 交流電圧（ACV）の測定

　デジタルマルチメーター PM3 の交流電圧測定機能のレンジ切り替え回路は、DCV ファンクションと同じものを共用

しています。

アナログテスターCP-7Dでは、交流をメーターを振らせる直流へ変換するのに半波整流回路を用いていました。PM3でも、A/D変換器は直流の電圧計ですので整流回路があります。しかしCP-7Dとは異なり、オペアンプを使用した両波整流回路を用いており、小さな交流信号でも精度高く測定できます。また、CP-7Dでは、ACVファンクションで直流電圧を加えると異常に大きな値を表示しましたが、PM3ではきれいな直流では0Vを表示します。直流に交流成分が混じった脈流の場合には、交流分だけを測定します。

PM3の整流回路部分の概要は、図6.2.4のとおりです。

> **用語解説**
> ・両波整流
> 　交流電流の正負両方を用いて整流を行う方法。

両波整流回路

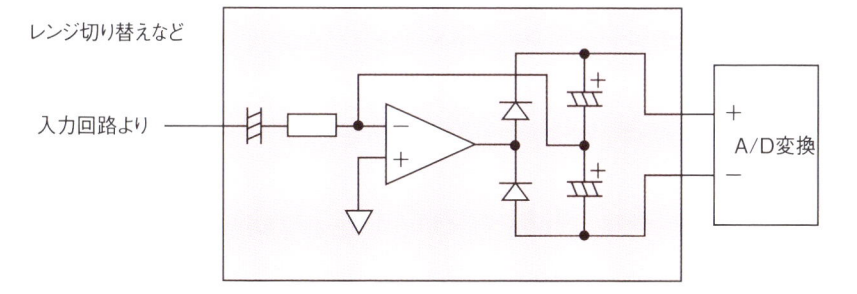

◆図6.2.4 PM3のACV測定機能の整流回路

■ 抵抗（Ω）の測定

PM3の抵抗測定回路の概要は、図6.2.5のとおりです。0.4Vの電圧を作り、抵抗Rfを通して測定対象物に電圧を加えます。測定対象物にかかる電圧は、Rfとの分圧になり、その電圧で抵抗値を測定しています。

分圧の電圧を測定しているため、抵抗値とA/D変換結果が単純な比例関係にならないのですが、そこを内蔵のマイコ

第6章 テスターのしくみ

ンで演算処理して抵抗値に換算するという賢いやり方をとっています。

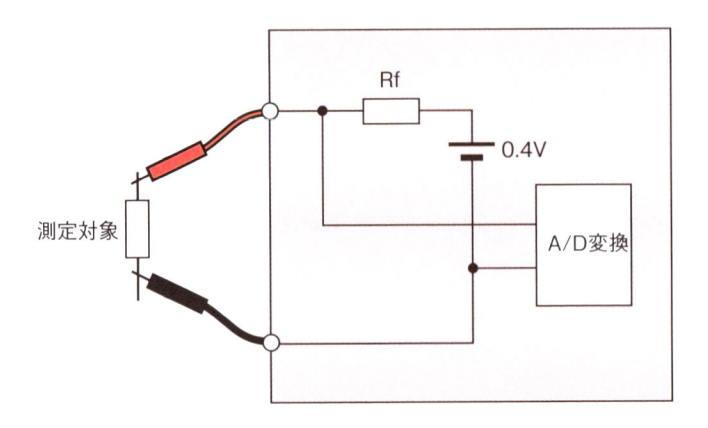

◆図 6.2.5 PM3 の抵抗測定の概要

第7章

電子回路を測定する

　本章では、電子回路の入門向けに、回路測定の基本を説明します。回路記号を使って説明しますが、記号と実際の部品との対応さえイメージできれば、決して難しくはありませんので参考にしてください。

第7章　電子回路を測定する

7-1　小型電子回路を測ってみよう

　これからテスターで動作確認を行う対象となる回路を次の図に示します。

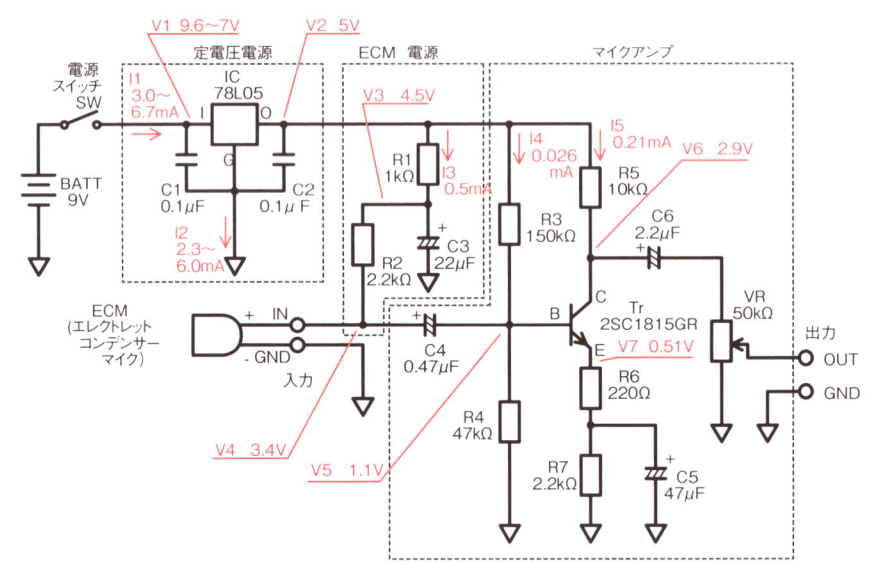

◆図7.1.1　試験回路（マイクアンプ）

　この回路は、電源電圧を安定化させる定電圧電源と、マイクアンプおよびエレクトレットコンデンサーマイクを動作させる電源の回路です。

　マイクアンプとは、マイクで拾った極めて微弱な音声の電気信号を、パワーアンプ回路で扱える入力レベルまで増幅するための回路です。

　定電圧電源回路は、有名な定電圧電源IC（通称**3端子レギュレーター**）、78L05を使用しています。このICは、入力電圧がDC7V以上（最大は20V）であれば、極めて安定したDC5Vを出力します。

> **用語解説**
> ・3端子レギュレーター
> 　入力電圧を変換し、必要な出力電圧を発生させるIC。

7-2 電源電流の確認

　電子回路を組んだ際には、電源（ここでは電池）から回路に供給される電流「**電源電流**」を一番最初に確認するとよいでしょう。

　回路が間違っている場合、大きな電流が流れて部品が壊れる場合があります。一番最初に電源を入れる際に過大電流が流れていなければ、その回路がすぐに壊れることがなさそうなことは確認できます。

　なお、デジタルマルチメーター PM3 には直流電流の測定機能がありませんので、電流を直接測定できるのはアナログテスター CP-7D のみになります。しかし、ちょっとした工夫で、PM3 の電圧レンジで電流を測定できる方法があります。その方法は後で説明します。

> **アドバイス**
> ここではアナログテスターで測定します。

　測定の前に、回路の電源に流れる電流がおおよそどの程度かを計算しておきます。この回路では、だいたい 3.0 〜 6.7mA という計算になりました。

　電流測定は、**DC500mA** レンジから測定を始めましょう。回路が間違っている場合に、大きな電流が流れて、テスターが壊れてしまう可能性をできるだけ少なくするためです。また、テスターを当てる時間はなるべく短くしましょう。万一回路が間違っていて大電流が流れたとしても、短時間であれば回路が故障する可能性は低くなります。

> **アドバイス**
> テスターを当てる時間は短くします。

　測定する場所は、電源スイッチ（SW）です。オフの状態のスイッチ端子間に、テスターのリード棒を当てます。テスターがスイッチと並列になり、回路にとってはスイッチを入れた状態になります。回路に流れる電源電流はテスターを通過し、電源電流を測定することができます。

> **アドバイス**
> 電流を測定する場合は、テスターを「直列」に接続します。

第7章 電子回路を測定する

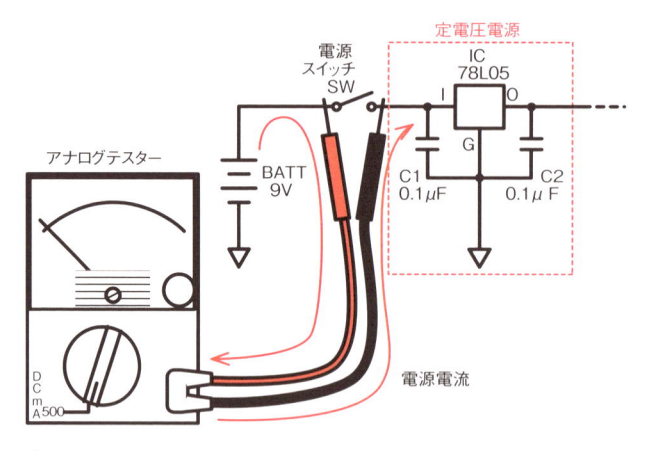

◆図 7.2.1 一番最初の電源電流の測定

> **アドバイス**
> 電源スイッチはオフの状態で測定します。

　DC500mA レンジで測定してみて、針が大きく振れないようであれば、設計どおりの 3.0〜6.7mA 程度の電流である可能性が高いですから、今度はレンジを下げて、**DC25mA レンジ**で測定してみます。DC25mA レンジで測定して、電流が設計どおりであれば、最初のチェックポイント、「電源電流」は合格です。

　もし電流が大きすぎる、または小さすぎる場合は、配線が間違っているか、どこかの部品が壊れているかのどちらかです。新品の部品を使用した場合、部品の故障の可能性は非常に低いですから、まずは回路の配線が間違っていないかを念入りにチェックすることをおすすめします。

　今回の測定で回路に間違いがあってテスターに大きな電流が流れた場合、テスターに内蔵されている回路保護用ヒューズが切れてしまう場合もあります。ヒューズはいつでも交換できるように予備を持っておいたほうがよいでしょう。また、このヒューズは、テスターの故障を防ぐだけでなく、大電流での火災事故などを防ぐ役割も持っています。なお、ヒューズはメーカーの指定品を必ず使用します。

> **参考**
> CP-7D のヒューズは 0.5A/250V、φ5×20mm、しゃ断容量300A 速断ヒューズが使用されています。

COLUMN　デジタルマルチメーターで電流を測る方法

電流レンジがないテスターでは、以下の方法で電流を測ることができます。

10 Ωの抵抗を用意し、テスターのリード棒間に接続します。この抵抗は、電流を電圧に変換する役割をします。次に、テスターを DCV レンジにします。たったこれだけです。原理からして直流電流計そのものになります。

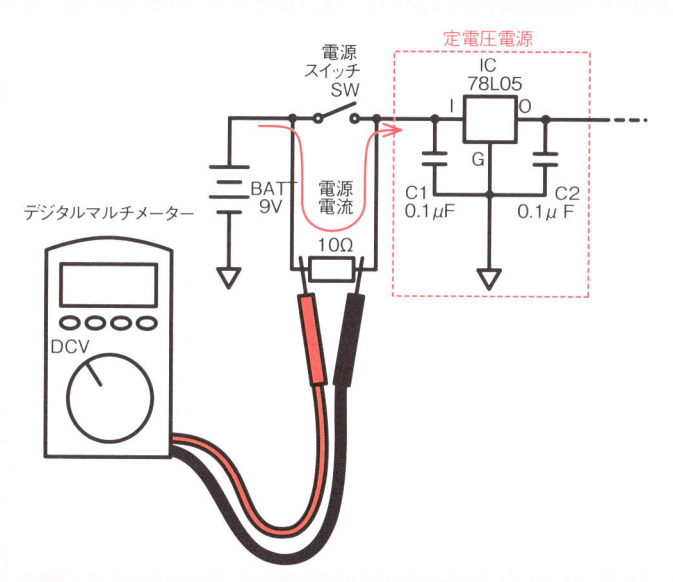

◆図 7.2.2 抵抗と電圧レンジを使用して電流計を作る

もし電圧の表示が 40mV と出たとすれば、オームの法則より、
　　電圧÷抵抗＝電流
ですから、
　　40［mV］÷ 10［Ω］＝ 4［mA］
となり、4 mA 流れているということがわかります。

この、電流電圧変換抵抗の値の選び方には注意が必要です。抵抗の両端に生じる電圧（**電圧降下**）は、対象回路の動作に影響を与えないよう

に、できるだけ小さくする必要があります。抵抗の電圧降下分だけ、回路にかかる電圧が少なくなるからです。でも、抵抗があまりにも小さいと電圧降下が小さ過ぎて、測定誤差が大きくなってしまいます。

下の表は、デジタルマルチメーター PM3 の DCV レンジで最も感度が高いレンジ、DC400mV レンジの測定となる（つまり、電圧降下が最大 400mV に収まる）前提で、電流電圧変換に適した抵抗値を選んだものです。参考にしてください。

◆表 7.2.1 電流を電圧に変換する場合の抵抗値と最大電流

測定レンジの目安	抵抗	最大電流
400μA	1,000Ω	15.8mA
4mA	100Ω	50mA
40mA	10Ω	158mA
400mA	1Ω	500mA

※最大電流は定格電力 1／4W の抵抗を用いた場合

表の最大電流は消費電力が 250mW となる電流で、1／4W の抵抗ではこの値を超えてはいけません。抵抗に電流を流すとそこで電力が消費されますが、抵抗で消費される電力は全て熱になるので、定格電力を超えると抵抗が焼けてしまいます。

なお、抵抗に消費される電力 P［W］は、電流を I［A］、抵抗を R［Ω］とすると、

$$P = I^2 \cdot R$$

で求めることができます。

なお、デジタルマルチメーターで電流電圧変換抵抗の 10Ω をつなぐ場合など、テスターのリード棒を何かにつないだ状態で測定したい場合は、リード棒のピン先に差し込んで使うクリップアダプターや、両端にワニグチが付いたコードを利用すると大変便利です。

7-3 電源電圧の確認

電源電流が問題なければ、次は「電源電圧」を確認しましょう。

78L05 の IN 側（電池側）の電圧 V1 を確認します。

ところで、回路中のあちこちに電圧を記入していますが、とくに指示がない場合、こういった表記は回路の中のグランド部分との間の電圧を示します。

それではスイッチを入れ、最初に V1 を当たってみましょう。ここは、電池の電圧が来ているだけですから、電池の電圧をチェックしていることになります。今回の回路では、電池が直流 9V ですから、V1 の電圧が何 10V 以上にもなっている可能性はまずありません。デジタルマルチメーターはオートレンジにまかせるとして、アナログテスターでは DC10V レンジにして測定をはじめればよいでしょう。

測定値は当然 DC 9V 前後であれば正常です。もし電圧が正常でなければ、電池が消耗しているか、電池を接続している電極の接触不良、電池からの電線の断線、スイッチの接触不良などが考えられます。

アドバイス
・V1 の電圧
リード棒の赤を V1 に当て、黒をグランドに当てます。

アドバイス
なお、未知の電圧の測定の場合は、最初はテスターのレンジを最大である DC500V に設定し、測定値が小さくてレンジを下げたほうがよい場合に下のレンジに切り替えていくのが正しい使い方だということは忘れないようにしてください。

アドバイス
電源スイッチはオンにして測定します。

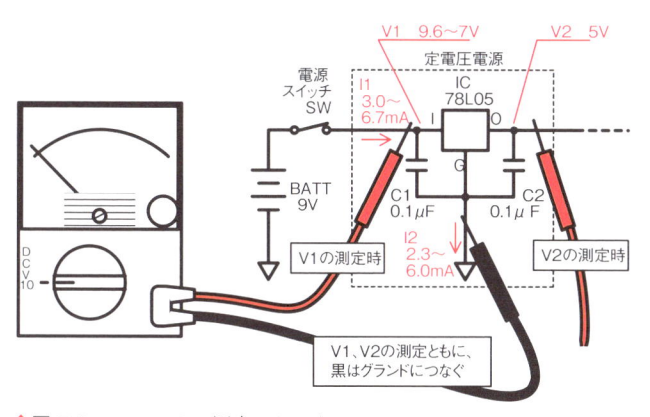

◆図 7.3.1 V1、V2 の測定のしかた

なお、定電圧電源IC・78L05が安定にDC 5 Vを出力できるのは、入力電圧がDC 7 V以上のときですから、電池が多少消耗していても、V1の電圧が少なくともDC 7 V以上あれば、回路は正常動作可能です。

次に、V2を測定してみます。定電圧電源IC・78L05の出力電圧の規格値、DC 5 Vがきちんと出ているかどうかを確認します。

ここで、テスターの測定誤差に触れておきましょう。

アナログテスターCP-7Dの取扱説明書によれば、DCVファンクションでは最大目盛値の±3％の誤差がある、となっています。DC10Vレンジでの誤差の最大値は、

$10V \times 0.03 = 0.3$ [V]

ですので、最大±0.3Vの誤差があることになります。ですから、測定値DC 5 Vぴったりの場合、真の値は、

$5 - 0.3 = 4.7$ [V] から、

$5 + 0.3 = 5.3$ [V] まで

の範囲と考えなければならないことに注意しておく必要があります。

デジタルマルチメーターPM3では、誤差の範囲は±(1.3% rdg + 3 dgt) となっています。これは、少々ややこしいのですが、読み取り値の1.3％＋最下位桁単位×3が誤差の最大値、ということになります。DC 5 V付近の電圧を測定する場合は、読み取り値がほぼDC 5 Vとなり、レンジはオートレンジ切り替えでDC40Vレンジとなって最下位桁は0.01V単位となりますから、誤差の最大値は、

$5 \times 0.013 + 0.01 \times 3 = 0.065 + 0.03 = 0.095$ [V]

となります。したがって、DC 5 Vぴったりを表示した場合の真の値は、

$5 - 0.095 = 4.905$ [V] から、

$5 + 0.095 = 5.095$ [V] まで

> **アドバイス**
> ・V2の電圧
> リード棒の赤をV2に当て、黒をグランドに当てます。

> **用語解説**
> ・rdg
> リーディング。読み取り値。
> ・dgt
> デジット。最下位桁。

の範囲と考えなければなりません。

　今回の測定では、アナログテスターの測定誤差が±0.3Vに対し、デジタルマルチメーターの誤差は±0.095Vと約3分の1となっています。高精度な電圧測定が必要な場合は、デジタルマルチメーターが優れていることがこれからもわかります。

　また、じつは定電圧電源IC・78L05の出力電圧は4.75〜5.25Vの間が規格範囲になっていますので、測定時にはこのことも考慮した判断が必要なのです。

COLUMN　電子回路のグランド（GND）

　回路図の中に、逆三角のグランド（**GND**）の記号（⏚）が多数出てきています。グランドとは英語のGroundのことであり、直訳すれば「地面」です。

　ただこのグランドの記号は、地面につなぐ、という意味は基本的にはありません。回路設計においては基準電位（多くは０V）を設定し、配線においてはグランド記号間は相互に接続する、ということを意味して

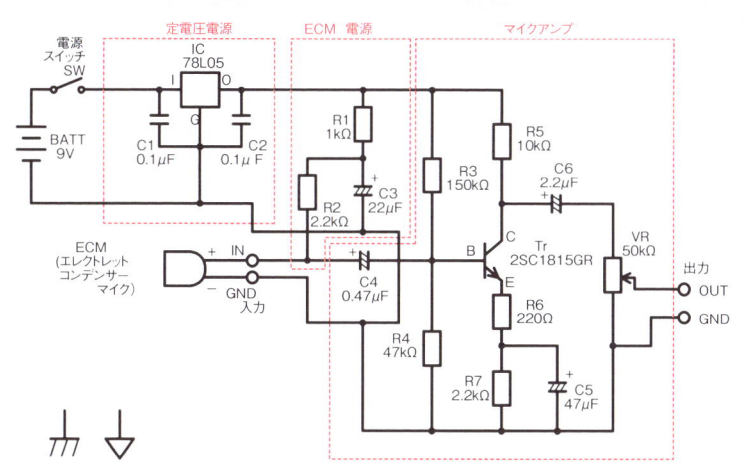

◆図7.3.2　さまざまなグランドの記号（左下）と、グランド記号を用いないで書いた試験回路

います。ですから、グランド記号を用いないで書いた回路図は、グランド記号を使って書いたものと回路図としては実質的に同じです。

いっぽう、電力会社から供給される電力系統や、ヒーター、モーターそのほかの電力を使用する、いわゆる強電の電気回路では、弱電でいうところのグランド記号（⏚）は**アース**（earth：地球）あるいは**接地**と呼ぶことが一般的です。強電のアースは、漏れた電気を地面に逃がして感電を防ぎ、安全を確保するためのもので、法律で「何々の場合の接地抵抗は何Ω以下でなければならない」といった接地の規格が厳密に定められています。

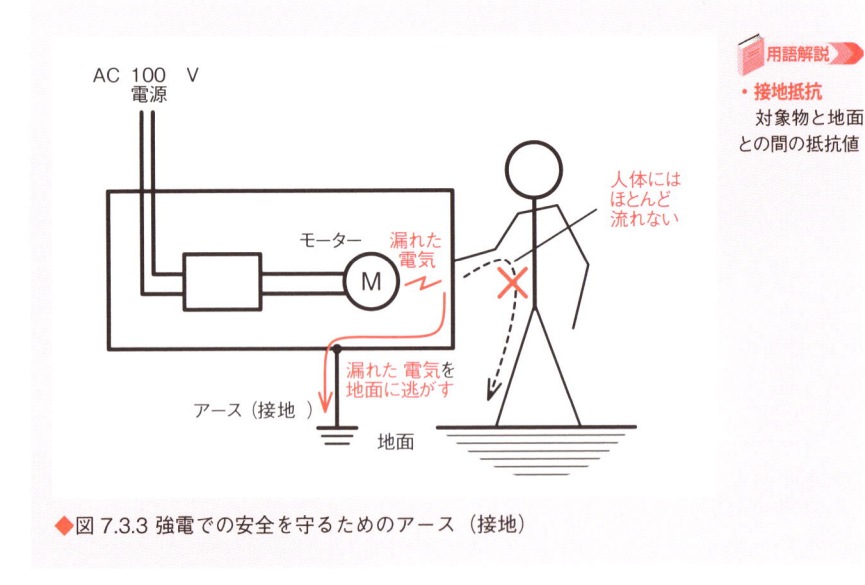

用語解説

・**接地抵抗**
　対象物と地面との間の抵抗値

◆図7.3.3 強電での安全を守るためのアース（接地）

7-4 回路のどこを測ればよいのか

　回路を正しく動作させるための電源部を測定できたら、いよいよ、マイクアンプの回路が意図どおりの動作をしているかどうかをチェックしてみましょう。

　ところで、トランジスターなどの半導体素子を信号増幅器として動作させるためには、バイアス電圧、またはバイアス電流が必要です。今回の回路では、R3、R4 で作られる V5 = 1.1V がバイアス電圧になります。この電圧は、トランジスターのベース（B）に加えることから、**ベースバイアス電圧**と呼ばれます。

　試しにこのベースバイアス電圧 V5 をアナログテスターで確認してみましょう。設計上の電圧は 1.1V ですから、DC2.5V レンジにして測定します。

> **用語解説**
> ・バイアス電圧
> 　適正な動作電圧に設定するために電圧にあらかじめゲタをはかせておくこと。

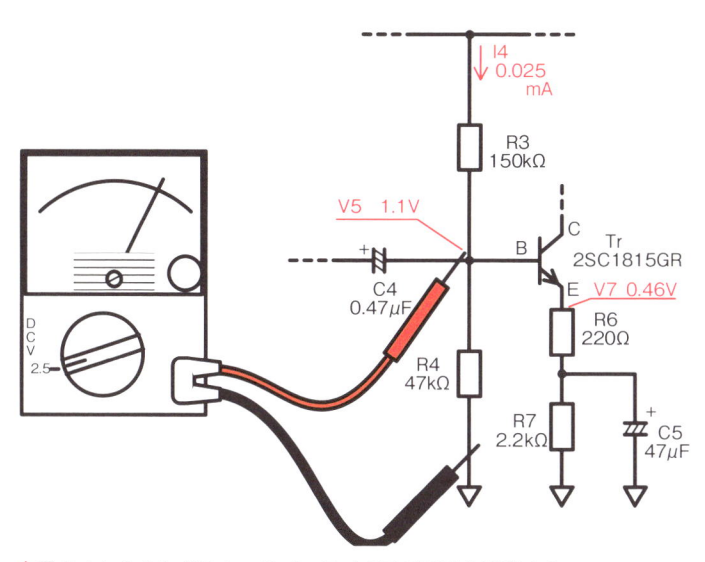

◆図 7.4.1 トランジスターのベースバイアス電圧を測定する

第7章 電子回路を測定する

じつは、実際に測定してみると、どんなに回路が正しくてもテスターは 0.3V 程度しか示しません。設計時の電圧は 1.1V なのに、これはどういうことなのでしょうか。

これは、テスターの内部抵抗に原因があります。第6章で説明したように、アナログテスター CP-7D の電圧計の内部抵抗は 4k[Ω／V] ですから、DC2.5V レンジでの内部抵抗は、4［kΩ／V］× 2.5［V］= 10［kΩ］となります（166ページ参照）。ですから、ここでの測定時の実質的な回路は、次の図のようになります。

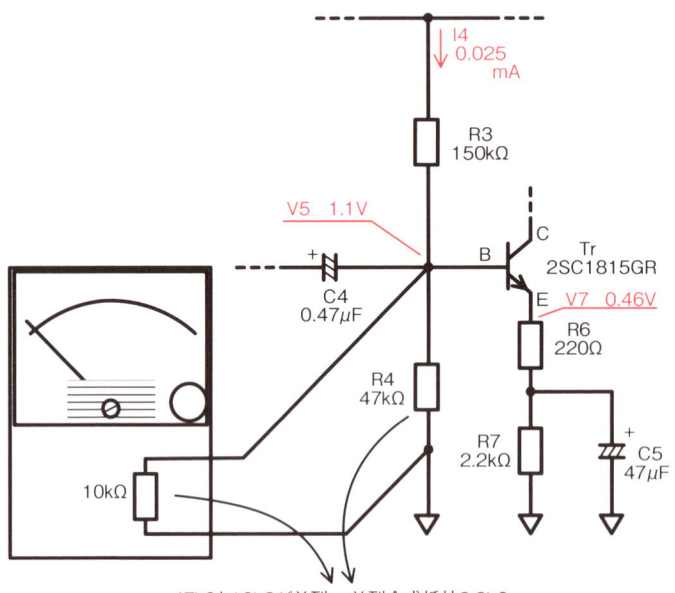

◆図 7.4.2 テスターの内部抵抗が動作を狂わせる

テスターの内部抵抗によって、$R4$ が 47kΩ から 8.2kΩ と 5分の 1 程度になってしまったのと同じことになり、バイアス電圧が変わってしまいます。テスターが、回路の動作に影響を及ぼし、狂わせてしまったのです。

この試験回路では、テスターの接続が回路の動作に大きな

📎 アドバイス

並列合成抵抗

$$= \frac{1}{\frac{1}{R_1} + \frac{1}{R_2}}$$

$$= \frac{1}{\frac{1}{47} + \frac{1}{10}}$$

$$= 8.2\text{k}\Omega$$

7-4 ◆ 回路のどこを測ればよいのか

影響を及ぼすV5については正確な測定ができませんが、代わりの手段があります。トランジスターのエミッター（E）の電圧、V7を測定するのです。この回路では、V7のエミッター電圧はV5のベースバイアス電圧によって支配されています。ですから、V7が設計どおりであることを確認できれば、V5を確認したことにもなるのです。

　V7の部分に接続されているR6およびR7の直列回路の抵抗は2.42kΩです。ここに内部抵抗10kΩのテスターを接続した場合、並列合成抵抗は1.95kΩと、20％程度の変化に収まります。ですから、V7にテスターを当てたときの電圧は設計値とは少しは異なるとしても、大きな違いはないと考えられます。しかも、ここでは詳しくは説明しませんが、この回路の特性上、トランジスターの電流増幅作用により、R6およびR7の合成抵抗が20％程度変動したとしてもV7はほとんど変動しない性質があるのです。

> **アドバイス**
> R6とR7の直列合成抵抗
> ＝2.2k＋0.22k
> ＝2.42kΩ

> **アドバイス**
> 直列合成抵抗
> ＝ R_1+R_2

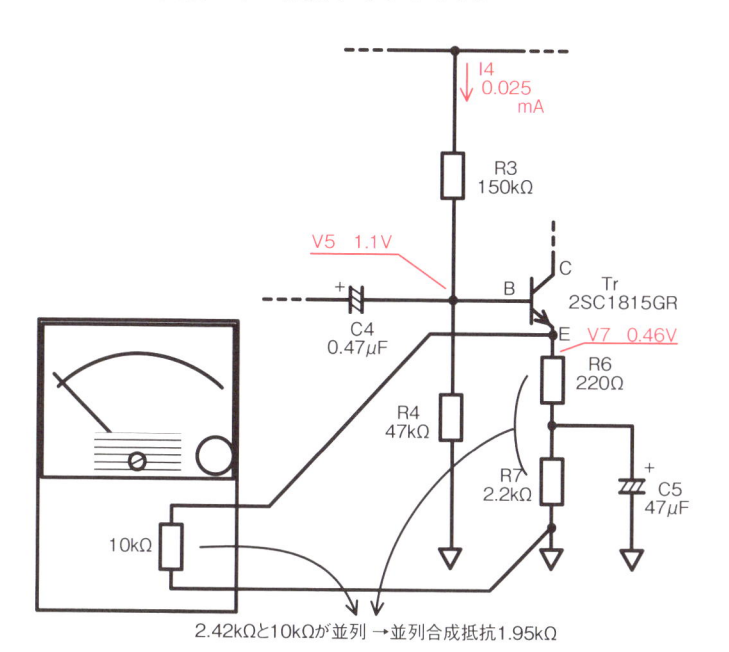

◆図7.4.3 エミッター電圧V7を測定する

第7章 電子回路を測定する

　ここでは、テスターの内部抵抗の理解を深めるために、あえてアナログテスター CP-7D での測定を行いました。とくに内部抵抗の低いアナログテスターでの電子回路での動作チェックには、テスターを当てた場合の影響も含め、回路動作の理解が不可欠となります。

　いっぽう、デジタルマルチメーター PM3 では、内部抵抗が 10MΩ と非常に大きいため、多くの場合測定回路に対する影響が少なく、V_5 のベースバイアス電圧も測定することができます。もちろん、エミッター電圧 V_7 も測定することができます。電子回路の電圧測定には、デジタルマルチメーターのほうが回路に影響をあまり与えずに測定ができます。しかし、油断は禁物です。デジタルマルチメーターの内部抵抗でも大きな影響を受ける電子回路も当然存在します。回路を理解したうえでの動作チェックが望ましいことはいうまでもありません。

付録 参考資料

付-1 測定レンジと目盛りの読み方

　アナログテスターを使ううえで、測定レンジごとの目盛りの読み取り方はとても重要です。ここでは、CP-7D を例に、レンジと目盛りの読み方を紹介します。機種が違っても基本は同じですから参考にしてください。

■ DC500V レンジ

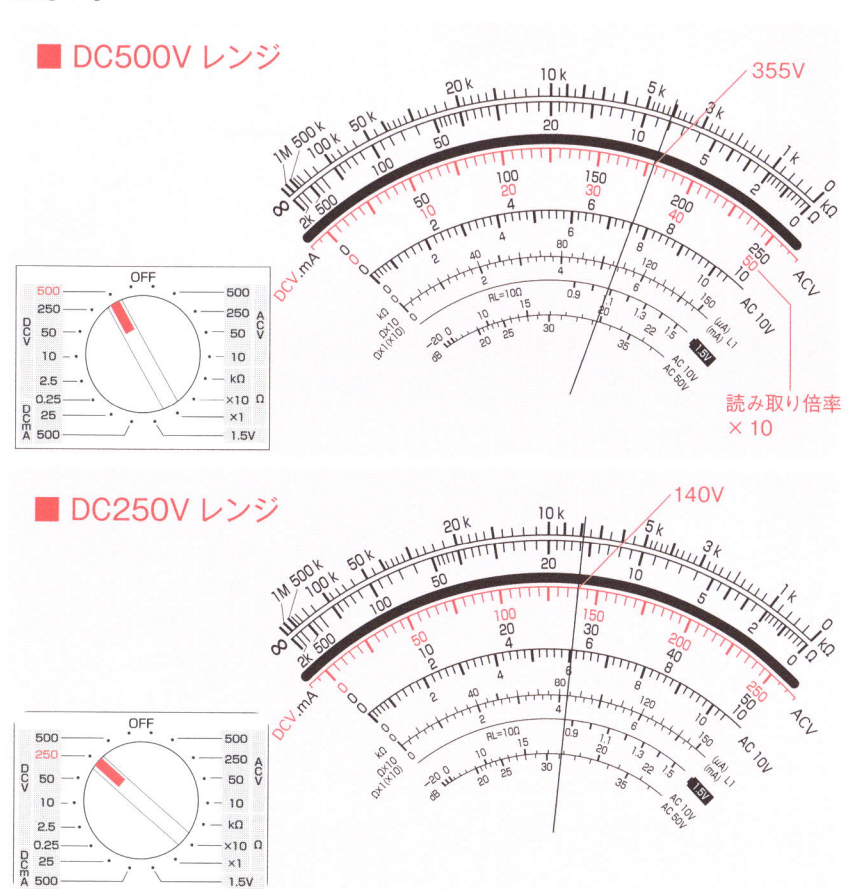

355V

読み取り倍率 ×10

■ DC250V レンジ

140V

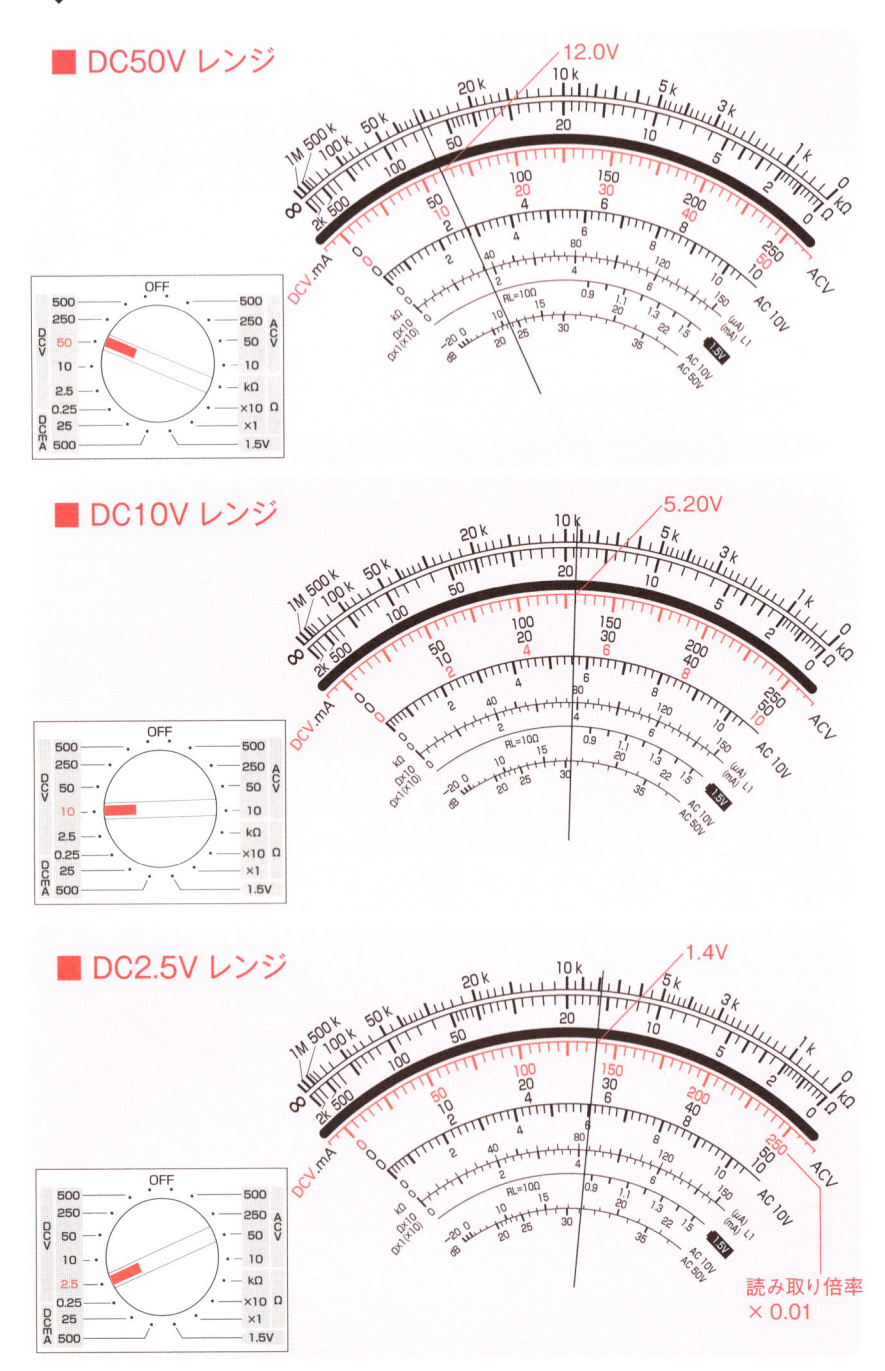

付録 参考資料

■ DC50V レンジ

12.0V

■ DC10V レンジ

5.20V

■ DC2.5V レンジ

1.4V

読み取り倍率
× 0.01

付-1 ◆ 測定レンジと目盛りの読み方

■ DC0.25V/DC0.25mA レンジ

直流電圧 0.25V と直流電流 0.25mA の測定レンジは、同じつまみ位置です。

DC 0.25V レンジのとき 0.04V
DC 0.25mA レンジのとき 0.04mA

読み取り倍率 × 0.001

■ DC25mA レンジ

9.0mA

読み取り倍率 × 0.1

■ DC500mA レンジ

270mA

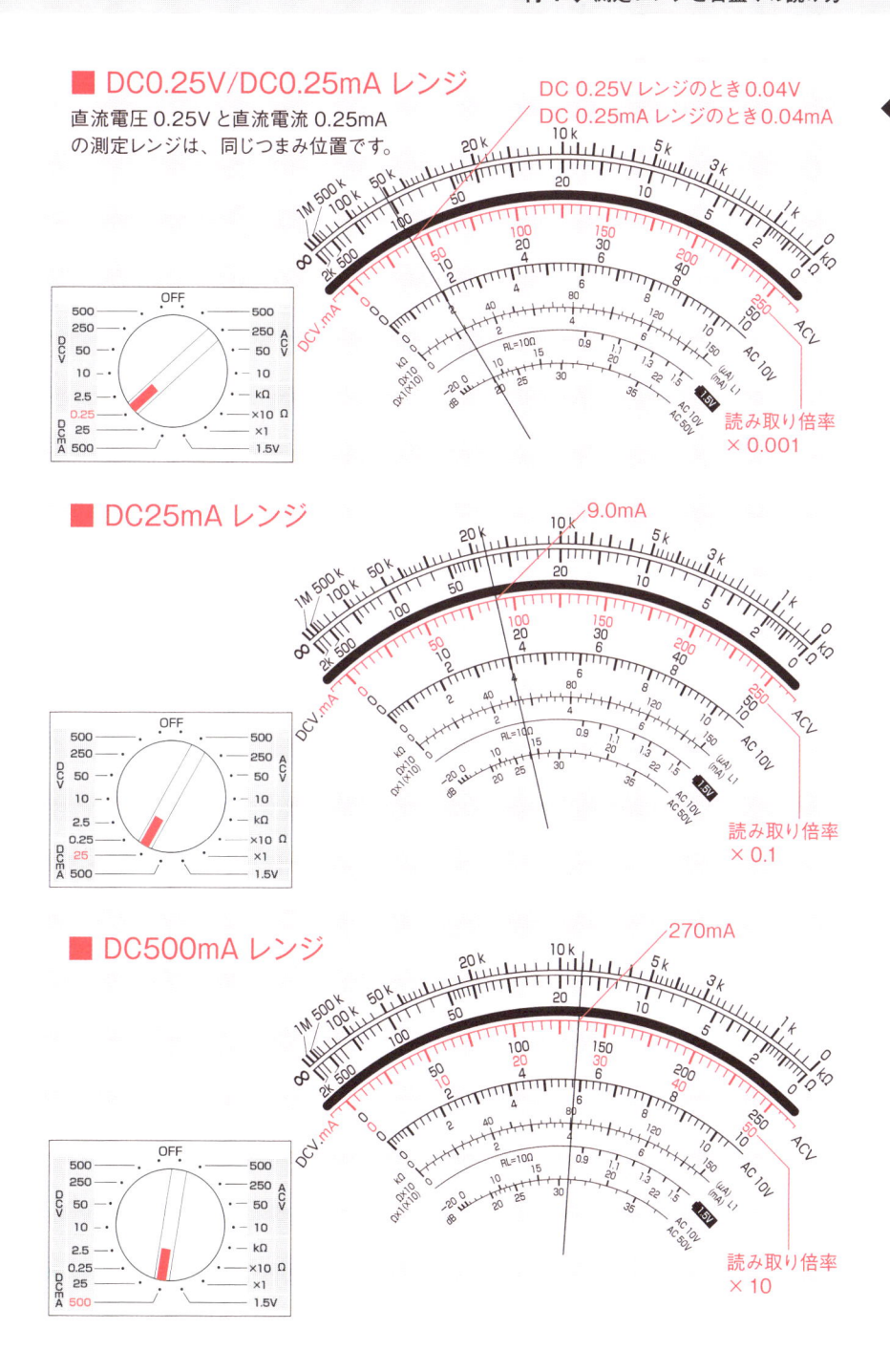

読み取り倍率 × 10

付録 参考資料

■ AC500V レンジ

正弦波交流以外の測定では誤差を生じます。また、周波数が高くなると誤差が大きくなります。

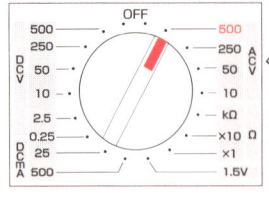

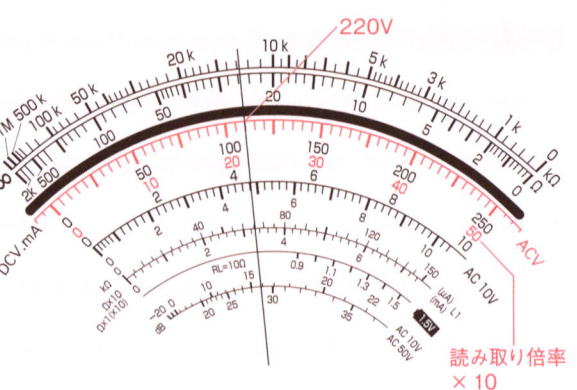

220V

読み取り倍率 ×10

■ AC250V レンジ

正弦波交流以外の測定では誤差を生じます。また、周波数が高くなると誤差が大きくなります。

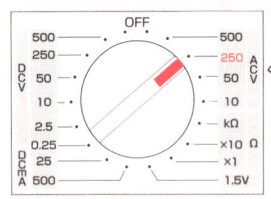

105V

■ AC50V レンジ

交流電圧50Vレンジでは、0.775Vを0dBとしたときのdB換算値も読み取れます（201ページ参照）。
＊ 30Hz～20kHの範囲で使用します。

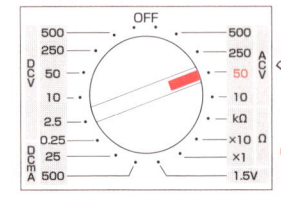

16.0V
26dB

0dB:1mW600Ω

付-1 ◆ 測定レンジと目盛りの読み方

■ AC10Vレンジ

交流電圧10Vレンジでは、0.775Vを0dBとしたときのdB換算値も読み取れます（201ページ参照）。
＊30Hz〜20kHの範囲で使用します。

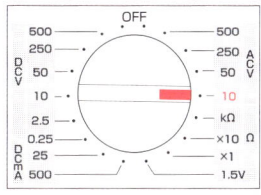

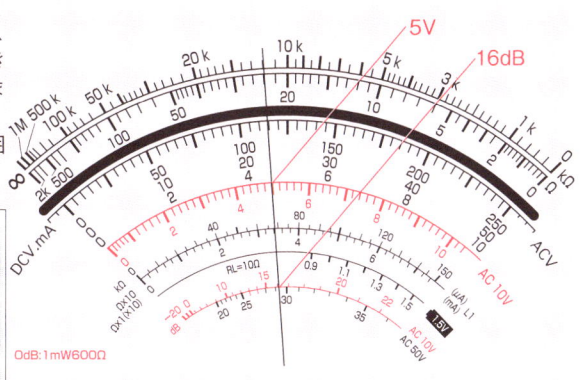

■ ×kΩレンジ

1kΩ〜1MΩ程度の測定に使用するレンジです。
測定時の電流（LI）も読み取れます。

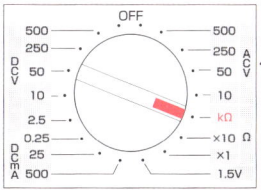

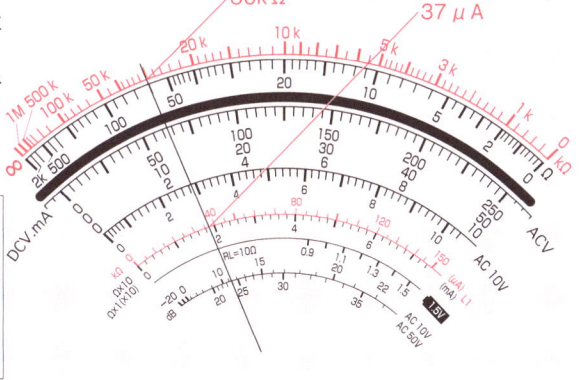

■ ×10Ωレンジ

20Ω〜20kΩ程度の測定に使用するレンジです。
測定時の電流（LI）も読み取れます。

199

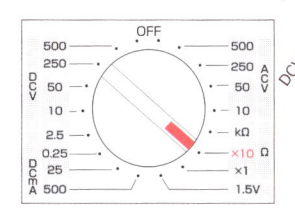

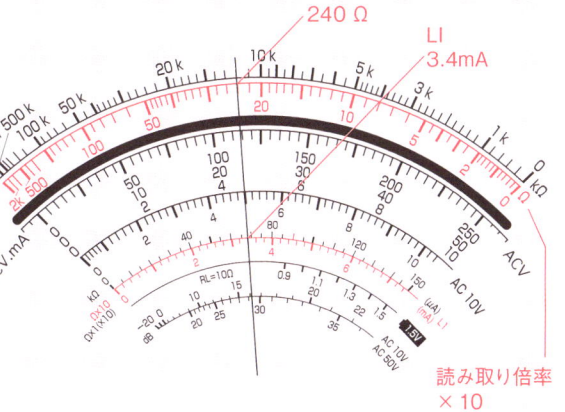

付録 参考資料

■ ×1Ωレンジ

0～200Ω程度の測定に使用するレンジです。
測定時の電流（LI）も読み取れます。

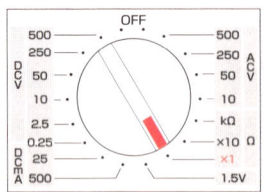

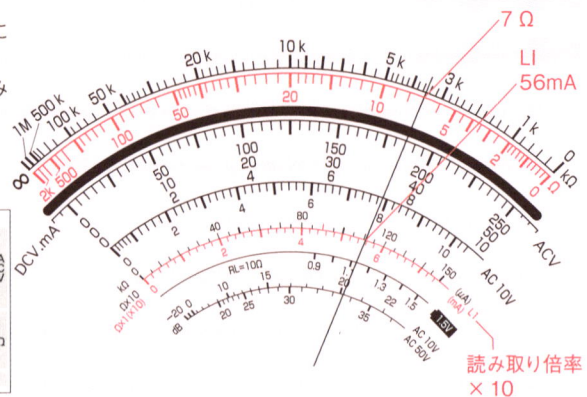

■ 電池電圧測定レンジ

マンガン電池やアルカリ電池（単1形～単4形）などの電流容量の大きい電池の電圧消耗度チェックに使用するレンジです。
電流容量の小さいボタン電池などは、DC2.5Vレンジで測定します。

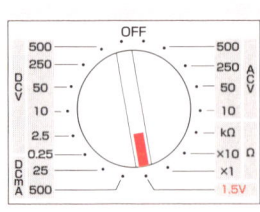

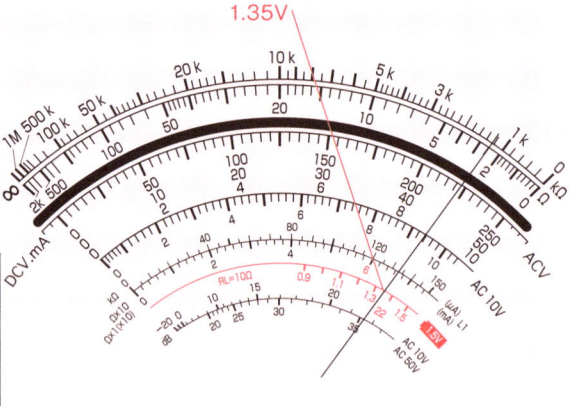

付-2 dB（デシベル）

■ パワーのレベルを基準値との比で表す「デシベル」単位

音や電気の分野では、その信号強度を物理量のままで扱おうとすると、レンジが広すぎて不便です。そこで通常、比較したい2つの値の比率を常用対数（$\log_{10}$）で換算して、レベル比として表現する方法が用いられます。このレベル比が**ベル**（B：bel）です。ただし、ベルでは10倍以下の比を表す際には小数値になってしまうため、それを10倍して**デシベル**（dB）という単位で表すことになっています。つまり、ある値Aに対して任意の値Bの比が10のx乗のとき、これを10xデシベル（xベル）と表すのです。

$$レベル比\ L = 10\log_{10}\frac{A}{B}[\mathrm{dB}]$$

なお、レベル比（デシベル値）は、電力や音の大きさなどエネルギー比を表すものですから、電圧比を表す際には、電圧比の2乗が電力比となる（電力＝電圧^2／抵抗）ことから、電力比の定義を電圧比に置き換えるために、電圧のレベル比は2倍した値となります。

$$レベル比\ G = 10\log_{10}\left(\frac{電力A}{電力B}\right) = 10\log_{10}\left(\frac{電圧A}{電圧B}\right)^2$$

$$= 20\log_{10}\left(\frac{電圧A}{電圧B}\right)[\mathrm{dB}] \quad \text{＊電圧は実効値です。}$$

つまり、2値の電圧比が2倍であれば、電力比に換算すると4倍になるため、電圧のレベル比を2倍することで、電力と同じレベル比（6デシベル）になるのです。

そしてレベル比は、信号レベルに対してノイズ成分が相対

的にどのくらい含まれているのかを表現するときにも使われます。これを表すのが信号対雑音比（ＳＮ比）です。

なお、レベル比は、いちいち計算して求めるのはめんどうなため、表付.2.1のような代表的なレベル値を覚えておき、それを倍率に合わせて足して求める方法が取られます。たとえば、基準の8倍であれば2倍の6dBと4倍の12dBを足して18dBと求まるのです。

■ 絶対値を基準値との比で表すケースもある

レベル比は、いま説明してきたとおり、基本的には2値の電力比を表現するものです。しかし、絶対基準値を設けて、その基準値との比で任意の値の絶対的な大きさを表すことも多く行われます。電気電子分野で絶対値を表現する際によく用いられるデシベル単位の代表例を表付.2.2にまとめました。

◆表付.2.1 デシベル換算表

倍率(比)	電圧比	電力比
0.01	−40dB	−20dB
0.1	−20dB	−10dB
0.5	−6dB	−3dB
1	0dB	0dB
2	6dB	3dB
3	9.5dB	4.8dB
5	14dB	7dB
10	20dB	10dB
100	40dB	20dB

◆表付.2.2 電気電子分野で絶対値を表す際の表記

工学で使われるデシベルの種類	概要
dBm	600Ωの抵抗に実効値約0.775Vの交流電圧をかけたときの電力1mWを基準値（0dBm）とする絶対単位
dBV	1Vを基準値とした電圧の絶対単位。家庭用オーディオ機器の音声信号レベルの基準として用いられる
dBv	0.775Vを基準値とした電圧の絶対単位
dBSPL	音圧（sound pressure level）の2×10^{-5}Paを基準値（0dBSPL）とする絶対単位

付-3 テスターの安全基準

　近年、装置のリスクアセスメントや制御の安全カテゴリなど、工場にいると安全の話が出ない日はありません。高圧を使用する工場はもちろんですが、家庭用の計測器においても、安全に対する認識は重要です。

　計測器の安全基準は、IEC（国際電気標準会議）において国際安全規格が定められており、低電圧施設においての測定については、計測回路を表付.3.1 に示す4つの測定カテゴリ（CAT. I ～ CAT. IV）に分類して、そのカテゴリに適合した計測器を使用することが決められています。カテゴリは、その数値が大きいほど危険度が高く、取り扱いに注意を要します。

◆表付.3.1　測定カテゴリの分類

測定カテゴリ	主な例
CAT.IV	建造物への引き込みから分電盤までの電路
CAT.III	分電盤、および分電盤から直接接続された配線、および機器の変圧器一次側電路
CAT.II	コンセントに接続する機器の、過電圧を低減していない電路および変圧器の一次側電路
CAT. I	コンセントから供給される機器内の、変圧器の二次側または過電圧を低減した電路

　本書で扱う家庭用のテスター（マルチメーター）は、その多くがカテゴリ2（CAT. II）に対応しているので、IEC の安全基準によれば家庭用コンセントから電源を供給して動作させる電気製品の計測（CAT. I、CAT. II）にしか使用してはいけません。なお、本書では、コンセントにリード棒を差し込んで測定している説明もあります。コンセント内部はカ

付録 参考資料

テゴリ3となりますが、コンセントの差し込み口を測定していることから、コンセントに接続した機器として解釈しています（家庭用のコンセントの蓋を開けて内部を触る作業は、電気工事士の資格を有した人にしか許されていません）。

[図: 測定カテゴリの分類]

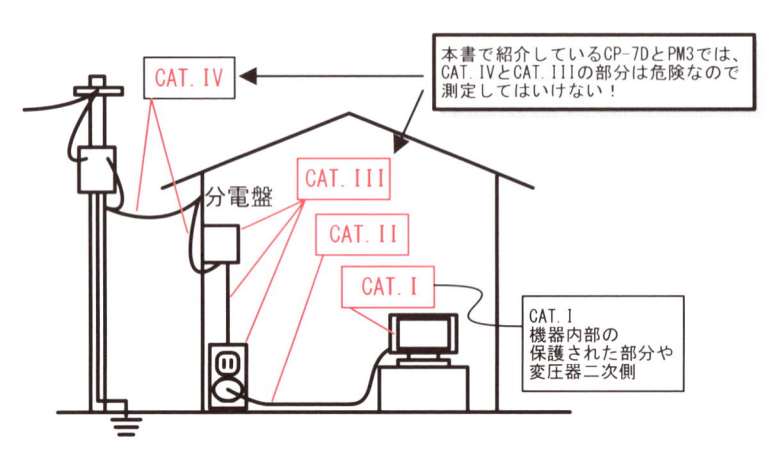

- CAT. IV
- CAT. III（分電盤）
- CAT. II
- CAT. I：機器内部の保護された部分や変圧器二次側

本書で紹介しているCP-7DとPM3では、CAT. IVとCAT. IIIの部分は危険なので測定してはいけない！

◆図付.3.1　測定カテゴリの分類および図解

索 引

記号・数字

∞ 79
ΔΣ（デルタ・シグマ）方式 176
ρ 77
Ω 77
0 Ω 調整 51
0 Ω 調整器 32

欧文

AC .... 34、37
ACV 37
AC アダプター 18
A/D 変換器 176
dB 42
DC .... 34、36
DCmA 39
DCV 36
DMM 20
E 系列 139
GND 189
H（ヘンリー）................................ 144
Hz/DUTY 切り替えスイッチ 33
LED 150
NPN 形 155
O.L .... 79、178
PNP 形 155
S（ジーメンス）............................... 77

ア

アース .... 113、190
赤リード棒 .... 32、33
アナログテスター .... 20、28
アノード 147
安定器 95
アンペア 40
イオン 85
イオン化傾向 104
インダクタンス 144
インバーター 95
エミッター 155
オートパワーオフ機能 66
オーバーレベル .... 79、148
オーム 77
オームの法則 89

カ

確度 47
カソード 147
可動コイル式 162
カラーコード 136
基本測定機能 36
極性測定 41
許容差 47
金属ピン .... 32、33
クーロン 39
グランド 189
クランププローブ 23
クランプメーター 22
クリップアダプター 56
クリップコード 56
黒リード棒 .... 32、33
検相計 26
検電器 21
コイル 144

205

索引

高圧測定プローブ 23
交流 .... 34、37
交流電圧 37
交流電圧（ACV）の測定 ..... 171、178
コードコネクター 127
コード接続器 127
コレクター 155
コンデンサー .... 41、140

サ

三相交流 26
ジーメンス .... 77、169
指針 32
指針の見方 57
実効値 .... 37、120、173
周波数 43
順方向電圧 149
静電容量 .... 41、140
静電容量測定 41
整流作用 146
絶縁体 78
絶縁抵抗計 24
接地 .... 113、190
接地側電極 .... 114、115
接地極 113
接地端子 113
セレクトスイッチ 33
零点位置調整 49
零点位置調整器 32
操作スイッチ 33
相順 26
測定カテゴリ 204
測定機能 34

タ

ダイオード 146
太陽電池 152
立ち上がり電圧 149
単相100V 110
単相200V 110
直流 .... 34、36
直流電圧 36
直流電圧（DCV）の測定 ..... 167、177
直流電流 39
直流電流（DCA）の測定 168
抵抗 38
抵抗器 136
抵抗（Ω）の測定 .... 170、179
抵抗率 77
低周波出力 42
データホールドスイッチ 33
デジタルマルチメーター 20
デシベル 42
テスター 14
テスターの内部抵抗 166
テストリード 48
デューティー比 43
電位差 36
電荷 39
電界 50
電荷量 39
電気回路 14
電気抵抗 .... 77、91
電気抵抗の温度係数 91
電源電流 183
電子 39
電子回路 14
電流 164
導体 .... 39、78、79
導通 34
導通チェック .... 41、126

導通チェック機能 83
導電率 77
トランジスター 155
トランス 144

ナ

内蔵電池の交換 68
内部抵抗 165

ハ

倍率器 168
発光ダイオード 150
半導体 78
半波整流 .... 173、174
非接地側電極 112
表示器 33
ファラッド 140
ファンクション 35
ファンクション切り替えつまみ 33
フレミングの左手の法則 163
プローブ 48
分流器 168
ベース 155
ベースバイアス電圧 191
ヘンリー 144
保護回路 46
保護ヒューズの交換 69

マ

マイクアンプ 182
マルチメーター 20
脈流 120
メーター 162
メーターの感度 164
メガー 24

目盛り板 32

ヤ

容量表示 141

ラ

リード棒 .... 33、48、55
リチウムイオン電池 17
両波整流 179
リラティブスイッチ 33
レジスター 38
レンジ .... 30、44
レンジ切り替えつまみ 32

著者略歴

大矢隆生　Takao Ohya

1962年東京生まれ。いわゆるラジオ少年に。1975年、アマチュア無線局開局。
1988年電気通信大学電子工学専攻修了、同年から素材メーカーに勤務、電子部品、電子部材の生産設備開発及び電気保全に従事。

編集／制作：株式会社ツールボックス
カバーデザイン：小島トシノブ＋齋藤四歩（NONdesign）
カバー（表紙）イラスト：栂岡一孝
イラスト（本文一部、帯）：田中斉
本文イラスト：亀井龍路、兎夢

基礎入門
テスターの使い方がよくわかる本

2009年　8月　1日　初　版　第1刷発行
2018年　6月29日　初　版　第8刷発行

著　者　　大矢　隆生
発行者　　片岡　巌
発行所　　株式会社技術評論社
　　　　　東京都新宿区市谷左内町 21-13
　　　　　電話　03-3513-6150　販売促進部
　　　　　　　　03-3267-2270　書籍編集部
印刷／製本　昭和情報プロセス株式会社

定価はカバーに表示してあります。

本書の一部または全部を著作権の定める範囲を超え、無断で複写、複製、転載、テープ化、ファイルに落とすことを禁じます。

©2009　大矢　隆生

造本には細心の注意を払っておりますが、万一、乱丁（ページの乱れ）や落丁（ページの抜け）がございましたら、小社販売促進部までお送りください。送料小社負担にてお取り替えいたします。

ISBN978-4-7741-3901-2　C3054
Printed in Japan

■お願い

本書に関するご質問については、本書に記載されている内容に関するもののみとさせていただきます。本書の内容と関係のないご質問につきましては、一切お答えできませんので、あらかじめご了承ください。また、電話でのご質問は受け付けておりませんので、FAXか書面にて下記までお送りください。
　なお、ご質問の際には、書名と該当ページ、返信先を明記してくださいますよう、お願いいたします。

宛先：〒162-0846
　　　株式会社技術評論社　書籍編集部
　　　「テスターの使い方がよくわかる本」
　　　質問係
　　　FAX：03-3267-2270

ご質問の際に記載いただいた個人情報は質問の返答以外の目的には使用いたしません。また、質問の返答後は速やかに削除させていただきます。

■ご注意

本書に掲載した回路図、技術を利用して発生したいかなる直接的、間接的損害に対して、弊社、筆者、編集者、その他の製作に関わったすべての個人、団体、企業は一切の責任を負いません。あらかじめご了承ください。